U0928851

"十三五"国家重点出版物出版规划项目
高等教育规划教材

无线传感器网络技术与应用

张　蕾　主编

机 械 工 业 出 版 社

本书主要内容包括无线传感器网络的网络与通信技术协议栈，IEEE 802.15.4标准和ZigBee协议，以覆盖技术、时间同步技术、定位技术、数据管理技术、目标跟踪技术、安全技术等为支撑的无线传感器网络应用，无线传感器网络的国内外标准、无线传感器网络的软/硬件设计，以及无线传感器网络在智能家居、智能温室系统和远程医疗监护系统中的应用。本书最后是工程实验指导，均给出了完整的实现细节。

本书可以作为普通本科高等院校、高等职业技术学院的计算机网络、通信技术、智能技术等专业的教材，也可以作为计算机、通信、建筑电气、网络管理等领域的工程技术人员和从事智能建筑等工作的技术人员的参考书。

本书配有授课电子课件，需要的教师可登录www.cmpedu.com免费注册，审核通过后下载，或联系编辑索取（QQ：2850823885，电话：010-88379739）。

图书在版编目（CIP）数据

无线传感器网络技术与应用 / 张蕾主编. —北京：机械工业出版社，2016.6
高等教育规划教材
ISBN 978-7-111-53736-6

Ⅰ. ①无…　Ⅱ. ①张…　Ⅲ. ①无线电通信－传感器－高等学校－教材
Ⅳ. ①TP212

中国版本图书馆CIP数据核字（2016）第099460号

机械工业出版社（北京市百万庄大街22号　邮政编码100037）
策划编辑：郝建伟　　责任编辑：郝建伟
责任校对：张艳霞　　责任印制：常天培

唐山三艺印务有限公司印刷

2016年7月第1版·第1次印刷
184mm×260mm·12.5印张·300千字
0001—3000册
标准书号：ISBN 978-7-111-53736-6
定价：35.00元

凡购本书，如有缺页、倒页、脱页，由本社发行部调换

电话服务
服务咨询热线：（010）88379833
读者购书热线：（010）88379649
封面无防伪标均为盗版

网络服务
机 工 官 网：www.cmpbook.com
机 工 官 博：weibo.com/cmp1952
教育服务网：www.cmpedu.com
金 书 网：www.golden-book.com

出 版 说 明

当前，我国正处在加快转变经济发展方式、推动产业转型升级的关键时期。为经济转型升级提供高层次人才，是高等院校最重要的历史使命和战略任务之一。高等教育要培养基础性、学术型人才，但更重要的是加大力度培养多规格、多样化的应用型、复合型人才。

为顺应高等教育迅猛发展的趋势，配合高等院校的教学改革，满足高质量高校教材的迫切需求，机械工业出版社邀请了全国多所高等院校的专家、一线教师及教务部门，通过充分的调研和讨论，针对相关课程的特点，总结教学中的实践经验，组织出版了这套“高等教育规划教材”。

本套教材具有以下特点：

1）符合高等院校各专业人才的培养目标及课程体系的设置，注重培养学生的应用能力，加大案例篇幅或实训内容，强调知识、能力与素质的综合训练。

2）针对多数学生的学习特点，采用通俗易懂的方法讲解知识，逻辑性强、层次分明、叙述准确而精炼、图文并茂，使学生可以快速掌握，学以致用。

3）凝结一线骨干教师的课程改革和教学研究成果，融合先进的教学理念，在教学内容和方法上做出创新。

4）为了体现建设“立体化”精品教材的宗旨，本套教材为主干课程配备了电子教案、学习与上机指导、习题解答、源代码或源程序、教学大纲、课程设计和毕业设计指导等资源。

5）注重教材的实用性、通用性，适合各类高等院校、高等职业学校及相关院校的教学，也可作为各类培训班教材和自学用书。

欢迎教育界的专家和老师提出宝贵的意见和建议。衷心感谢广大教育工作者和读者的支持与帮助！

机械工业出版社

前　言

无线传感器网络是信息科学领域的一个全新发展方向，是物联网的支撑技术之一。传感器技术在遥控、监测、传感和智能化等高科技应用领域中发挥着重要作用。目前从全球总体情况看，美国、日本、德国等少数经济发达国家占据了传感器市场优势地位，发展中国家所占份额还相对较少。由于市场需求的不断增长，全球传感器技术市场一直保持快速增长。随着网络和通信技术的进步，无线数据传输与控制的无线传感器网络（WSN）技术脱颖而出，成为传感技术领域的一大亮点，在智能领域中有着十分广阔的应用空间。

为进一步增强传感器及智能化仪表产业的创新力和国际竞争力，推动传感器及智能化仪表产业创新、持续协调发展。2013 年，国务院办公厅发布了《国务院关于推进物联网有序健康发展的指导意见》，其中着重提出“加强低成本、低功耗、高精度、高可靠、智能化传感器的研发与产业化，着力突破物联网核心芯片、软件、仪器表等基础共性技术，加快传感器网络、智能终端、大数据处理、智能分析、服务集成等关键技术研发创新”。工业和信息化部、科技财政国家标准管理委员会组织制定了《加快推进传感器及智能化仪表产业发展行动计划》。此外，工业和信息化部、国家发展和改革委员会等 14 个部门联合发布了 10 个物联网发展专项行动计划，其中物联网政府扶持专项行动计划、物联网技术研发专项行动计划和物联网标准研制专项行动计划都对传感器的发展提出了明确的发展目标和要求。因此，国内相关高校纷纷将无线传感器网络技术列入物联网工程专业及智能化工程专业的必修课程中。

本书作为普通高校本科生无线传感器网络课程的基础教材，旨在帮助读者对无线传感器网络技术及应用的重点、难点和未来走向有一定的认识和理解。本书也可以为对无线传感器网络感兴趣的工程类和计算机科学专业读者提供技术参考。希望更多学生和科技爱好者参与到无线传感器网络相关的研究和开发工作中来，从而更广泛地推动我国无线传感器网络和智能化工程的基础建设。本书反映了无线传感器网络领域的新技术和成果，采用理论与实际并进的模式编写。

本书由从事无线传感器网络教学科研的教师和技术人员合作编写。本书共分为 8 章，具体分工如下：第 1 章由宋军编写；第 2、3、4、6 章由张蕾编写；第 5 章由张昱编写；第 7、8 章由吕召勇编写。全书由张蕾主编并统稿。

在本书的编写过程中，北京建筑大学郝莹教授、赵春晓教授、衣俊艳副教授，北京邮电大学田辉教授、胡铮副教授以及诸多同事给予了支持和帮助，在此表示衷心的感谢。本书参考了大量书刊资料，并引用了部分资料，在此向这些书刊资料的作者表示诚挚的谢意。

由于编者水平有限，书中难免会有不妥之处，恳请各位读者和同仁批评指正，提出宝贵的建议和意见。

编　者

目　录

第 1 章　无线传感器网络

物联网是新一代信息技术的重要组成部分，作为物联网神经末梢的无线传感器网络也日益凸显其重要作用。随着无线通信、传感器、嵌入式计算机及微机电技术的飞速发展和相互融合，具有感知能力、计算能力和通信能力的微型传感器开始在各领域得到应用，这些微型传感器所构建的无线传感器网络可以通过各类高度集成化的微型传感器密切协作，实时监测、感知和采集各种环境或检测对象的信息，以无线方式传送，并以自组织多跳的网络方式传送到用户终端，从而实现物理世界、计算机世界及人类社会的连通。

无线传感器网络是由一组传感器节点以自组织的方式构成的有线或无线网络，其目的是协作地感知、采集和处理网络覆盖的地理区域中感知对象的信息，并发布给观察者。针对每个具体应用来研究传感器网络技术，这是无线传感器网络设计不同于传统网络的显著特征。

无线传感器网络作为物联网的重要组成部分，其应用涉及人类日常生活和社会生产活动的许多领域。无线传感器网络不仅在工业、农业、军事、环境、医疗等传统领域具有巨大的应用价值，还将在许多新兴领域体现其优越性，如家用、保健、交通等。可以预见，未来无线传感器网络将无处不在，将更加密切地融入人类生活的方方面面。

1.1　无线传感器网络概述

无线传感器网络（Wireless Sensor Network，WSN）是新兴的下一代网络，被认为是 21 世纪最重要的技术之一。传感器设计、信息技术以及无线网络等领域的快速进步，为无线传感器网络的发展铺平了道路。传感器通过捕获和揭示现实世界的物理现象，将其转换成一种可以处理、存储和执行的形式，从而将物理世界与数字世界连接起来。传感器已经集成到众多设备、机器和环境中，产生了巨大的社会效益。无线传感器网络可以把虚拟（计算）世界与现实世界以前所未有的规模结合起来，并开发大量实用型的应用，包括保护民用基础设施、精准农业、有毒气体检测、供应链管理、医疗保健和智能建筑与家居等诸多方面。

然而，无线传感器网络的应用与设计也面临着严峻的挑战，因为其所需知识包括了电子、计算机工程和计算机科学领域的几乎所有研究方向。同时，无线传感器网络也是很多科研项目和研究论文的关注点。

1.1.1 发展历程

无线传感器网络研究的初期是在军事领域。1978 年，美国国防部高级研究计划局（DARPA）举办了分布式传感器网络研讨会，会议重点关注了传感器网络研究的挑战，包括网络技术、信号处理技术以及分布式算法等，对无线传感器网络的基本思路进行了探讨。DARPA 开始资助卡耐基梅隆大学进行分布式传感器网络的研究，该分布式传感器网络被看成无线传感器网络的雏形。1980 年，DARPA 启动了分布式传感器网络计划，后来又启动了传感器信息技术 SensIT 项目。

20 世纪 80～90 年代，无线传感器网络的研究主要集中在军事领域，成为网络战的关键技术；从 90 年代中期开始，美国和欧洲等发达国家和地区先后开始了大量的关于无线传感器网络的研究工作。

1993 年，美国加州大学洛杉矶分校与罗克韦尔科学中心（Rockwell Science Center）合作开始了无线集成网络传感器（Wireless Integrated Network Sensors，WINS）项目，其目的是将嵌入在设备、设施和环境中的传感器、控制器和处理器建成分布式网络，并能够通过 Internet 进行访问，这种传感器网络已多次在美军的实战环境中进行了试验。1996 年发明的低功率无线集成微型传感器（LWIM）是 WINS 项目的成果之一。

2001 年，美国陆军提出了“灵巧传感器网络通信”计划，其基本思想是在整个作战空间中放置大量的传感器节点来收集敌方的数据，然后将数据汇集到数据控制中心融合成一张立体的战场图片。当作战组织需要时，就可以及时地发送给他们，使其及时了解战场上的动态，并以此及时调整作战计划。稍后美军又提出了“无人值守地面传感器群”项目，其主要目标是使基层部队人员具备在他们希望部署传感器的任何地方部署的灵活性。部署的方式依赖于需要执行的任务，指挥员可以将多种传感器进行最适宜的组合来满足任务需求。该计划的一部分就是研究哪种组合最优，可以最有效地部署，并满足任务需求。

在工商业领域中，1995 年美国交通部提出了“国家智能交通系统项目规划”，该计划试图有效地集成先进的信息技术、数据通信技术、传感器技术、控制技术、计算机处理技术，并应用于整个地面交通管理，建立一个大范围、全方位、实时高效的综合交通运输管理系统。该系统有效地使用传感器网络进行交通管理，对车速、车距进行控制，还能提供道路通行状况信息、最佳的行驶路线，发生交通事故时可以自动联系事故抢救中心。

随着无线传感器网络研究的不断深入，其应用领域也越来越广泛。2002 年 5 月，

美国能源部与美国 Sandia 国家实验室合作，共同研究用于地铁、车站等场所的防范恐怖袭击的对策系统。该系统融检测有毒的、奇特的化学传感器和网络技术于一体，传感器一旦检测到某种有害物质，就会自动向管理中心通报，并自动采取急救措施。2002 年 10 月，美国英特尔公司公布了“基于微型传感器网络的新型计算发展规划”。该计划显示出英特尔公司将致力于微型传感器网络在预防医学、环境监测、森林防火乃至海底板块调查、行星探查等领域的广泛研究并投入应用。美国国家自然科学基金委员会（ANSFC）于 2003 年制定了传感器网络研究计划，投资 3400 万美元，在加州大学成立了传感器网络研究中心，并联合加州大学伯克利分校和南加州大学等科研机构进行相关基础理论的研究。

对传感器的应用程度能够大体反映出国家的科技经济实力。目前，从全球总体情况来看，美国、日本等少数经济发达国家占据了传感器市场 70%以上份额，发展中国家所占份额相对较少。其中，市场规模最大的 3 个国家分别是美国、日本、德国，分别占据了传感器市场整体份额的 29.0%、19.5%、11.3%。未来，随着发展中国家经济的持续增长，对传感器的研究与应用的需求也将大幅增加。

我国在 20 世纪 80～90 年代将传感器技术列入国家重点攻关项目，开展了以机械、力敏、气敏、湿敏、生物敏为主的五大敏传感技术研究。但是对无线传感器网络的研究起步较晚，首次正式启动出现于 1999 年中国科学院《知识创新工程点领域方向研究》的“信息与自动化领域研究报告”中，无线传感器网络是该领域的五大重点项目之一。20 世纪 90 年代后期和 21 世纪初，出现了基于现场总线技术的智能传感器网络。该网络采用现场总线连接传感控制器，构建局域网络，其局部测控网络通过网关和路由器可以实现与 Internet 无线连接，引起了国家建设和管理领域的重视。

近年来，中国科学院、清华大学、南京大学、北京邮电大学等一批高校对无线传感器网络展开了相关的研究，并且取得了一定的研究成果。无线传感器技术智能化研究与应用水平不断提升，逐步接近世界水平。

1.1.2 定义

无线传感器网络是由部署在监测区域内大量的廉价微型传感器通过无线通信方式形成的一个多跳的自组织的网络系统，其目的是协作地感知、采集和处理网络覆盖区域中被感知对象的信息，并经过无线网络发送给观察者。传感器、感知对象和观察者构成了无线传感器网络的三个要素。无线传感器网络体系结构如图 1-1 所示。

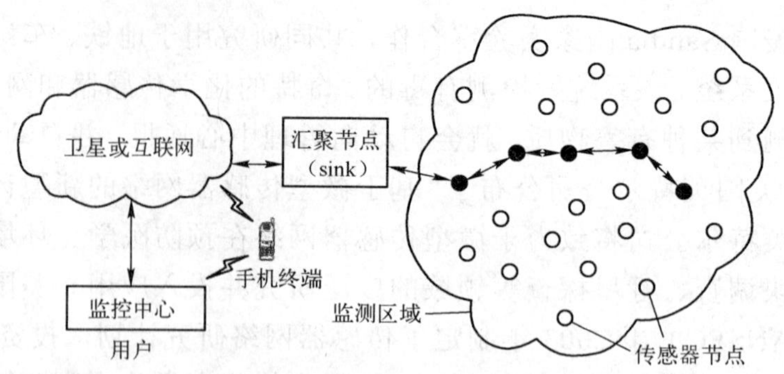

图 1-1　无线传感器网络体系结构

无线传感器网络系统通常包括传感器节点（sensor）、汇聚节点（sink node）和管理节点。大量传感器节点随机部署在监测区域（sensor field）内部或附近，能够通过自组织方式构成网络。传感器节点监测的数据沿着其他传感器节点逐跳地进行传输，在传输过程中监测数据可能被多个节点处理，经过多跳后路由到汇聚节点，最后通过 Internet 或卫星到达管理节点。用户通过管理节点对传感器网络进行配置和管理，发布监测任务以及收集监测数据。传感器网络技术的发展过程见表 1-1。

表 1-1　传感器网络技术的发展过程

年代	连接	覆盖
1965～1979	直接连接	点覆盖
1980～1994	接口连接	线覆盖
1995～2004	总线连接	面覆盖
2005～至今	网络连接	域覆盖

无线传感器网络节点的组成和功能包括以下 4 个基本单元。

1）传感单元：由传感器和模/数转换功能模块组成，传感器负责对感知对象的信息进行采集和数据转换。

2）处理单元：由嵌入式系统构成，包括 CPU、存储器、嵌入式操作系统等。处理单元负责控制整个节点的操作，存储和处理自身采集的数据以及传感器其他节点发来的数据。

3）通信单元：由无线通信模块组成，无线通信负责实现传感器节点之间以及传感器节点与用户节点管理控制节点之间的通信，交互控制消息和收/发业务数据。

4）电源部分。

此外，可以选择的其他功能单元包括定位系统、运动系统以及发电装置等。

1.2　无线传感器网络的应用领域

无线传感器网络有着极其广阔的应用领域，大到卫星定位，小到购物防盗码。

1.2.1 军事

无线传感器网络最早就是从军事应用起步的。在战争中，指挥员往往需要及时、准确地了解部队、武器装备和军用物资供给的情况，铺设的无线传感器网络将采集相应的信息，并通过汇聚节点将数据送至指挥所，再转发到指挥部，最后融合来自各战场的数据形成完备的战区态势图。在战争中，对冲突区和军事要地的监视也是至关重要的，通过铺设传感器网络，以更隐蔽的方式近距离地观察敌方的布防；当然也可以直接将传感器节点撒向敌方阵地，在敌方还未来得及反应时迅速收集利于作战的信息。无线传感器网络也可以为火控和制导系统提供准确的目标定位信息。在生物和化学战中，利用无线传感器网络及时、准确地探测爆炸中心，将会为军方提供宝贵的反应时间，从而最大可能地减少伤亡，同时也可避免核反应部队直接暴露在核辐射的环境中。无线传感器网络已成为美国网络中心战体系中面向武器装备的网络系统，是其侦查（C4KISR）系统的重要组成部分。该系统的目标是利用先进的高科技技术，为未来的现代化战争设计一个集命令、控制、通信、计算、智能、监视、侦查和定位于一体的战场指挥系统，因此受到了军事强国的普遍重视。

美国国防部较早开始启动无线传感器网络的研究，将其定位为指挥、控制、通信、计算机、打击、情报、监视、侦查系统不可缺少的一部分。自2001年起，DARPA已投资几千万美元，帮助大学进行“智能尘埃”传感器技术的研发。美陆军2001年提出了“灵巧传感器网络通信”计划，旨在通过在战场上布置大量传感器为参战人员搜集和传输信息。2005年又确立了“无人值守地面传感器群”项目，其主要目标是使基层部队指挥员根据需要能够将传感器灵活部署到任何区域。而“传感器组网系统”研究项目，其核心是一套实时数据库管理系统，对从战术级到战略级的传感器信息进行管理。

美国军方采用Crossbow公司的节点构建了枪声定位系统，节点部署于目标建筑物周围，系统能够有效地自组织构成监测网格，监测突发事件（如枪声、爆炸等）的发生，为救护、反恐提供了有力的帮助。美国科学应用国际公司采用无线传感器网络构建了一个电子防御系统，为美国军方提供军事防御和情报信息。系统采用多个微型磁力计传感器节点来探测监测区域中是否有人携带枪支、是否有车辆行驶，同时系统利用声音传感器节点监测车辆或者人群的移动方向。

除美国外，日本、英国、意大利、巴西等很多国家也对无线传感器网络的军事应用表现出极大的兴趣，并各自开展了该领域的研究工作。

1.2.2 农业

无线传感器网络的一个重要应用领域是农业。民以食为天，而农业生产的特点是面积大，植物生长环境因素随机多变，情况复杂。无线传感器网络可以监控农业生产中的土壤、农作物、气候的变化，提供一个配套的管理支持系统，精确监测一块土地并提供重要的农业资源，使农业生产过程更加精细化和自动化。

大量的传感器节点散布到要监测的区域并构成监控网络，通过各种传感器采集信息，以帮助农民及时发现问题，并且准确地确定发生问题的位置。这样，农业将有可能逐渐从以人力为中心、依赖于孤立机械的生产模式转向以信息和软件为中心的生产模式，从而大量使用各种自动化、智能化、远程控制的生产设备。

例如，变量喷药监测系统通过对杂草分布的监测获取杂草分布位置，就可以现场控制喷洒了，不仅可以电动控制喷洒，而且还可以调整除草剂的用量及混合比。在产量监测器的相关设备中都使用了质量流量传感器、湿度传感器和一个GPS接收器等，以便对产量进行远程实时监测；这些传感器能够测量谷物流量的体积或质量（谷物流量传感器）、种子清选机的速度、碾磨速度、谷粒的含水量和穗高。

在加拿大布奥克那根谷的一个葡萄园里，某个管理区域部署了一个无线传感器网络，采用65个节点，布置成网格状，用来监控和获取温度的重大变化（热量总和与冻结温度周期）。在葡萄园中，温度是最重要的参数，它既影响产量又影响品质。酿酒用的葡萄只有在10℃以上才会真正生长，更重要的是不同品种的酿酒用葡萄需要不同的热量，也就是不同的区域适宜不同的葡萄生长。该网络的部署主要是为了测量在生长季节里当地温度超过10℃的时间，即使管理者在外出或休闲时间也能随时收到相关信息，加强和方便田间管理，提高了作物的质量和产量。

1.2.3 医疗

无线传感器网络也用于多种医疗保健系统中，包括监测患有帕金森病、癫痫病、心脏病的病人，监测中风或心脏病康复者和老人等情况。开发可靠且不易被察觉的健康监护系统，可穿戴在病人身上，医生通过无线传感器网络的预警和报警来及时实施医疗干预，降低了医疗延误，也减轻了人力监护工作强度。

无线传感器网络在医疗卫生和健康护理等方面具有广阔的应用前景，包括对人体生理数据的无线检测、对医院医护人员和患者进行追踪和监控、医院的药品管理和贵重医疗设备放置场所的监测等，被看护对象也可以通过随身装置向医护人员发出求救信号。

无线传感器网络的远程医疗管理使得医生可以对在家养病的病人或在病房外活动的病人进行定位、跟踪，及时获取其生理指标参数，减少了病人就医带来的奔波劳累，也提高了医院病房的利用率。无线传感器网络为未来更发达的远程医疗提供了更加方便、快捷的技术手段。

1.2.4　建筑工程与建筑物

目前，建筑结构往往呈现复杂化和大型化的特点，因此大型建筑结构的安全问题引起了人们的高度重视，科研人员考虑利用无线传感器网络进行大型建筑物的结构安全监测。美国纽约新建的世贸中心（World Trade Center）充分运用了无线传感器网络技术对建筑物进行全方位监测的管理，有综合布线部分，也有一个看不见的无线传感器网络保护着这座大厦的安全运行。

我国正处在基础设施建设期，各类大型工程的安全施工及监控是建筑设计单位长期关注的问题。采用无线传感器网络，可以让大楼、桥梁和其他建筑物能够自身感觉并意识到它们的状况，使得安装了传感器网络的智能建筑自动告诉管理部门它们的状态信息，从而可以让管理部门按照优先级进行定期的维修工作。例如，压电传感器、加速度传感器、超声传感器、湿度传感器等可以有效地构建一个三维立体的防护检测网络，该系统可用于监测桥梁、高架桥、高速公路等道路环境。

又如，利用多种智能传感器（如光纤光栅传感器、纤维增强聚合物、光纤光栅筋及其应变传感器、压电薄膜传感器、形状记忆合金传感器、疲劳寿命丝传感器、加速度传感器等）进行建筑结构的监测。许多老旧的桥梁、桥墩长期受到水流的冲刷，传感器能放置在桥墩底部，用以感测桥墩结构；也可放置在桥梁两侧或底部，搜集桥梁的温度、湿度、振动幅度、桥墩腐蚀程度等，能减少断桥所造成的生命财产损失。

1.2.5　智能建筑与市政建设管理

传统的暖通空调系统（Heating，Ventilating and Air Conditioning，HVAC）无法实时监控不同部位的环境信息。将无线传感器网络技术应用到 HVAC 系统中，在不同空间安装检测环境信息的传感器，并与空调控制系统合理联通，构成具有无线传感功能的无线控制网络，分别按照需求调节环境参数，不但节能，而且降低了建筑安装成本，更加体现了建筑的智能化和人性化。

由于无线传感器网络具有灵活性、移动性和可扩展性且数据采集面广、无需布线等优点，因此可以在建筑物内灵活、方便地布置各种无线传感器，依靠分布式传感器组成的无线网络，获取室内诸多的环境参数，以实施控制，来协调并优化各建筑子系统。

在消防联动与安保控制系统中，无线传感器网络也有广泛的应用前景。采用无线传感器网络技术，将消防与安保控制系统中各种报警与探测传感器组合，构建一个具有无线传感器网络功能的新型安保系统，将大大促进智能建筑的消防联动控制子系统与安保自动化子系统的网络化、数字化、智能化进程。

无线传感器网络也可用于公共照明控制子系统、给水排水设备控制子系统中的各种参数的测量与控制。另外，无线传感器网络在智能家居中有着广阔的应用前景。智能家居系统的设计目标是将住宅中各种家居设备联系起来，使它们能够自动运行、相互协作，为居住者提供尽可能多的便利和舒适，而无线传感器网络技术可以提供一个完美的解决方案。

在市政管理和建设方面，无线传感器网络也发挥着越来越重要的作用。美国早在1995年就提出了“国家智能交通系统项目规划”。该计划的目的：有效集成先进的信息技术、数据通信技术、传感器技术、控制技术及计算机处理技术并运用于整个地面交通管理，建立一个大范围、全方位的、实时高效的综合交通运输管理系统。该系统可以利用传感器网络进行交通管理，可以监视每一辆汽车的运行状况，有效减少交通事故。

又如，困扰城市的地下通道、交通涵洞和立交桥下的积水问题造成了车辆损失，甚至危胁生命。过去是雨天派人守候，把情况上报。仅北京市就有上百处易积水的区段，派人力现场观察路段墙壁上刻划的积水深度警戒线和积水深度标尺，全人力的控制、预警和调度的工作量很大，环节较多，容易引发问题。研发和使用无线传感器网络控制系统，传感器预警水位，无线传输数据给调度中心，同时联动相关的变频水泵排水，能够使复杂工作变得简便和安全。

无线传感器网络的使用可节约能耗、降低劳动强度、减少操作危险性和节省劳动成本。传感器分类及常用元器件见表1-2。

表1-2　传感器分类及常用元器件

分类	元 器 件
温度	热敏电阻、热电偶
压力	压力计、气压计、电离计
光学	光敏二极管、光敏晶体管、红外传感器、CCD传感器
声学	压电谐振器、传声器
机械	应变计、触觉传感器、电容隔膜、压阻元件
振动	加速度计、陀螺仪、光电传感器
流量	水流计、风速计、空气流量传感器
位置	全球定位系统、超声波传感器、红外传感器、倾斜仪
电磁	霍尔效应传感器、磁强计
化学	pH传感器、电化学传感器、红外气体传感器
湿度	电容/电阻式传感器、湿度计、湿度传感器
辐射	电离探测器、Geiger-Mueller计数器

1.3　无线传感器网络的特点

无线传感器网络除了具有同 Ad hoc 网络一样的移动性、通信和电源等局限的共同特征之外，还有其他一些特点。这些特点对于无线传感器网络的有效应用提出了一系列机遇和挑战。

1.3.1　系统特点

无线传感器网络是一种分布式传感网络，它的末梢是可以感知和检查外部世界的传感器。无线传感器网络中的传感器通过无线方式通信，因此网络设置灵活，设备位置可以随时更改，还可以与 Internet 进行有线或无线方式的连接。

无线传感器网络是由大量无处不在、具有无线通信和计算能力的微小传感器节点构成的自组织分布式网络系统，是能根据环境自主完成指定任务的“智能”系统，具有群体智能自主自治系统的行为实现和控制能力，能协作地感知、采集和处理网络覆盖的地理区域中感知对象的信息，并发送给观测者。

1.3.2　技术特点

无线传感器网络系统通常包括传感器节点、汇聚节点和管理节点。大量的传感器节点随机部署在检测区域或附近，这些传感器节点无须人员值守。节点之间通过自组织方式构成无线网络以协作的方式感知、采集和处理网络覆盖区域中特定的信息，可以实现对任意地点的信息在任意时间地采集、处理和分析。监测的数据沿着其他传感器节点通过多跳中继方式传回汇聚节点，最后借助汇聚链路将整个区域内的数据传送到远程控制中心进行集中处理。用户通过管理节点对传感器网络进行配置和管理，发布监测任务以及收集监测数据。

目前，常见的无线网络包括移动通信网、无线局域网、蓝牙网络、Ad hoc 网络等，与这些网络相比，无线传感器网络具有以下特点：

1）传感器节点体积小，电源能量有限，传感器节点各部分集成度很高。由于传感器节点数量大、分布范围广、环境复杂，有些节点位置甚至人员都不能到达，传感器节点能量补充遇到了困难，所以在考虑传感器网络体系结构及各层协议设计时，节能是设计的重要考虑目标之一。

2）计算和存储能力有限。由于无线传感器网络应用的特殊性，要求传感器节点的价格低、功耗小，这必然导致其携带的处理器能力比较弱，存储器容量比较小。因此，如何利用有限的计算和存储资源，完成诸多协同任务，也是无线传感器网络技术面临的挑战之一。事实上，随着低功耗电路和系统设计技术的提高，目前已经开发出很多超低功耗微处理器。同时，一般传感器节点还会配上一些外部存储器，目前的Flash存储器是一种可以低电压操作、多次写、无限次读的非易失存储介质。

3）通信半径小，带宽低。无线传感器网络利用“多跳”来实现低功耗的数据传输，因此其设计的通信覆盖范围只有几十米。和传统的无线网络不同，传感器网络中传输的数据大部分是经过节点处理的数据，因此流量较小。根据目前观察到的现象特征来看，传感数据所需的带宽将会很低（1～100kbit/s）。

4）无中心和自组织。在无线传感器网络中，所有节点的地位都是平等的，没有预先制定的中心，各节点通过分布式算法来相互协调，可以在无须人工干预和任何其他预置的网络设施的情况下，节点自动组织成网络。由于无线传感器网络没有中心，所以网络不会因为单个节点的损坏而损毁，这使得网络具有较好的健壮性和抗毁性。

5）网络动态性强。无线传感器网络主要由三个要素组成，分别是传感器节点、感知对象和观察者，三者之间的路径也随之变化，网络必须具有可重构和自调整性。因此，无线传感器网络具有很强的动态性。

6）传感器节点数量大且具有自适应性。无线传感器网络中传感器节点密集，数量巨大。此外，无线传感器网络可以分布在很广泛的地理区域，网络的拓扑结构变化很快，而且网络一旦形成，很少有人为干预，因此无线传感器网络的软、硬件必须具有高健壮性和容错性，相应的通信协议必须具有可重构和自适应性。

7）以数据为中心的网络。对于观察者来说，传感器网络的核心是感知数据而不是网络硬件。以数据为中心的特点要求传感器网络的设计必须以感知数据的管理和处理为中心，把数据库技术和网络技术紧密结合，从逻辑概念和软、硬件技术两方面实现一个高性能的、以数据为中心的网络系统，使用户如同使用通常的数据库管理系统和数据处理系统一样，自如地在传感器网络上进行感知数据的管理和处理。

1.4 无线传感器网络的关键技术

近年来，人们对无线传感器网络的研究不断深入，无线传感器网络得到了很大的发展，也产生了越来越多的实际应用。随着人们对信息获取需求的不断增加，由传统传感器网络所获取的简单数据越来越无法满足人们对信息获取的全面需求，使得人们已经开始研究功能更强的无线多媒体传感器节点。使用无线多媒体传感器节点能够获取图像、音频、视频等多媒体信息，从而使人们能获取监测区域更加详细的信息。

无线传感器网络有着十分广泛的应用前景，可以大胆地预见，将来无线传感器网络将无处不在，完全融入人们的生活。例如，微型传感器网络最终可能将家用电器、个人计算机和其他日常用品同 Internet 相连，实现远距离跟踪；家庭采用无线传感器网络负责安全调控、节电等。但是，我们还应该清楚地认识到，无线传感器网络才刚刚开始发展，它的技术、应用都还远远谈不上成熟，国内企业更应该抓住商机，加大投入力度，推动整个行业的发展。

1.4.1 技术组成

（1）网络拓扑控制

对于无线的自组织的传感器网络而言，网络拓扑控制具有特别重要的意义。通过拓扑控制自动生成的良好的网络拓扑结构，能够提高路由协议和 MAC 协议的效率，可为数据融合、时间同步和目标定位等很多方面奠定基础，有利于节省节点的能量来延长网络的生存期。所以，拓扑控制是无线传感器网络研究的核心技术之一。

（2）网络协议

由于传感器节点的计算能力、存储能力、通信能量以及携带的能量都十分有限，因此每个节点只能获取局部网络的拓扑信息，其上运行的网络协议也不能太复杂。同时，传感器拓扑结构动态变化，网络资源也在不断变化，这些都对网络协议提出了更高的要求。传感器网络协议负责使各个独立的节点形成一个多跳的数据传输网络，目前研究的重点是网络层协议和数据链路层协议。网络层的路由协议决定监测信息的传输路径；数据链路层的介质访问控制用来构建底层的基础结构，控制传感器节点的通信过程和工作模式。

（3）时间同步

时间同步是需要协同工作的传感器网络系统的一个关键机制。例如，测量移动车辆速度需要计算不同传感器检测事件时间差，通过波束阵列确定声源位置节点间时间同步。NTP 是 Internet 上广泛使用的网络时间协议（Network Time Protocol），但只适用于结构相对稳定、链路很少故障的有线网络系统；GPS 系统能够以纳秒级精度与世界标准时间 UTC 保持同步，但需要配置固定的高成本接收机，同时在室内、森林或水下等有掩体的环境中无法使用 GPS 系统。因此，它们都不适合应用在传感器网络中。目前已提出了多个时间同步机制，研究在不断深入。

（4）定位技术

位置信息是传感器节点采集数据中不可缺少的部分，没有位置信息的监测消息通常毫无意义。确定事件发生的位置或采集数据的节点位置是传感器网络最基本的功能之一。为了提供有效的位置信息，随机部署的传感器节点必须能够在布置后确定自身位置。由于传感器节点存在资源有限、随机部署、通信易受环境干扰甚至节点失效等特点，因此定位机制必须满足自组织性、健壮性、能量高效、分布式计算等要求。

（5）数据管理

传感器网络存在能量约束。减少传输的数据量能够有效地节省能量，因此在从各个传感器节点收集数据的过程中，可利用节点的本地计算和存储能力处理数据的融合，去除冗余信息，从而达到节省能量的目的。由于传感器节点的易失效性，传感器网络也需要数据融合技术对多份数据进行综合，提高信息的准确度。

（6）网络安全

无线传感器网络作为任务型的网络，不仅要进行数据的传输，而且要进行数据采集和融合、任务的协同控制等。如何保证任务执行的机密性、数据产生的可靠性、数据融合的高效性以及数据传输的安全性，就成为无线传感器网络安全问题需要全面考虑的内容。

1.4.2 面临的挑战

无线传感器网络除了具有 Ad hoc 网络的移动性、自组织性等共同特征以外，还具有很多其他鲜明的特点，这些特点同时也需要一系列不断探索的挑战。

1）因为节点的数量巨大，而且还处在随时变化的环境中，这就使它有着不同于普通传感器网络的独特“个性”。首先是无中心和自组网特性。在无线传感器网络中，所有节点的地位都是平等的，没有预先指定的中心，各节点通过分布式算法来相互协调，在无人值守的情况下，节点就能自动组织起一个测量网络。因为没有中心，网络便不会因为单个节点的脱离而受到损害。

2）网络拓扑的动态变化性。网络中的节点处于不断变化的环境中，它的状态也在相应地发生变化，加之无线通信信道的不稳定性，网络拓扑也在不断地调整变化，而这种变化方式是无人能准确预测出来的。

3）传输能力的有限性。无线传感器网络通过无线电波进行数据传输，虽然省去了布线的烦恼，但是相对于有线网络，低带宽则成为它的天生缺陷。同时，信号之间还存在相互干扰，信号自身也在不断地衰减。不过因为单个节点传输的数据量并不算大，这个缺点还是能忍受的。

4）能量的限制。为了测量真实世界的具体值，各个节点会密集地分布于待测区域内，人工补充能量的方法已经不再适用。每个节点都要储备可供长期使用的能量，或者自己从外面汲取能量。

5）安全问题。无线信道、有限的能量、分布式控制使得无线传感器网络更容易

受到攻击。被动窃听、主动入侵、拒绝服务则是这些攻击的常见方式。因此，安全性在网络的设计中至关重要。

本章习题

1．简述无线传感器网络的概念。
2．无线传感器网络特点有哪些？
3．无线传感器网络常用关键技术有哪些？

第 2 章　网络与通信技术

在传统的有线网络中，已有许多完善的通信协议和相应的技术，但是这些技术并不能简单地照搬到无线传感器网络中来。无线情况下需要面对许多新的问题，应用环境也更加恶劣。研究者根据无线传感器网络的特点，开发了具有高能效性的底层硬件和各层通信协议，使网络有限的能量寿命能够尽可能延长，同时保障数据的有效传输。

与传统的网络类似，无线传感器网络的通信结构也延续着 ISO/OSI[⊖]的开放标准，但无线传感器网络除去了一些不必要的协议和功能层。由于无线传感器网络的节点采用电池供电，能量有限，且不易更换，因此能量效率是无线传感器网络无法回避的，这也直接反映在网络的协议设计中。从最基础的物理层到应用层，几乎所有的通信协议层的设计都要考虑到能效因素，保持高能效以延长网络的使用寿命是无线传感器网络设计的重要前提。

无线传感器网络使用无线通信，链路极易受到干扰，链路通信质量往往随着时间推移而改变，因此研究如何保障稳定高效的通信链路是必要的。除此之外，通信协议还需要考虑网络中由于节点的加入和失效等因素引起的网络拓扑结构的改变，采用一定的机制保持网络的通信顺畅。总而言之，在保障能效的前提下，无线传感器网络的通信协议应该具有足够的健壮性来应对外界的干扰和物理环境的改变。

2.1　体系结构

无线传感器网络的体系结构由分层的网络通信协议、网络管理平台以及应用支撑平台三部分组成，如图 2-1 所示。

1．分层的网络通信协议

分层的网络通信协议类似于传统 Internet 中的 TCP/IP 体系，它由物理层、数据链路层、网络层、传输层和应用层组成。

⊖ OSI（Open System Interconnect，开放式系统互连）是 ISO（国际标准化组织）在 1985 年研究的网络互联模型。该体系结构标准定义了网络互联的七层框架（物理层、数据链路层、网络层、传输层、会话层、表示层和应用层），即 ISO 开放系统互连参考模型。

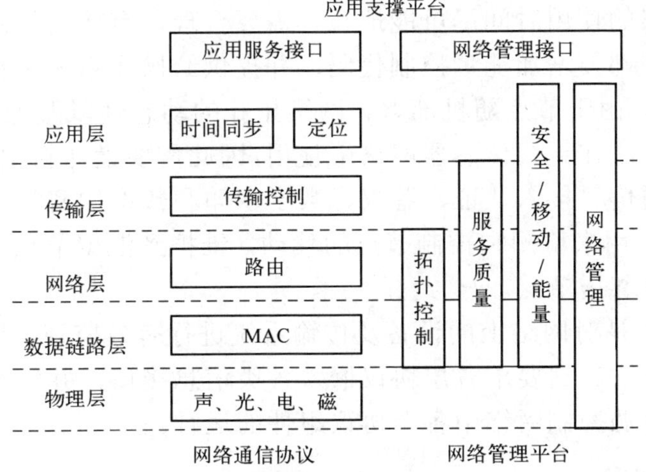

图 2-1　无线传感器网络的体系结构

1）物理层：负责信号的调制和数据的收发，所采用的传输介质有无线电、红外线和光波等。

2）数据链路层：负责数据成帧、帧检测、媒体访问和差错控制。其中，媒体访问协议（MAC 协议）保证可靠的点对点和点对多点通信，差错控制则保证源节点发出的信息可以完整无误地到达目标节点。

3）网络层：负责路由发现和维护。通常，大多数节点无法直接和网关通信，需要中间节点通过多跳路由的方式将数据传送至汇聚节点。

4）传输层：负责数据流的传输控制，主要通过汇聚节点采集传感器节点中的数据信息，并使用卫星、移动通信网络、Internet 或者其他的链路与外部网络通信。

2．网络管理平台

网络管理平台主要进行对传感器节点自身的管理以及用户对传感器网络的管理。它包括拓扑控制、服务质量管理、能量管理、安全管理、移动管理和网络管理等。

1）拓扑控制。为了节约能源，传感器节点会在某些时刻进入休眠状态，这导致网络拓扑结构不断变化，因而需要通过拓扑控制技术管理各节点状态的转换，使网络保持畅通，数据能够有效传输。拓扑控制利用链路层、路由层完成拓扑生成，反过来又为它们提供基础信息支持，优化 MAC 协议和路由协议，降低能耗。

2）服务质量（QoS）管理。在各协议层设计队列管理、优先级机制或者带预留等机制，并对特定应用的数据进行特别处理。它是网络与用户之间以及网络上互相通信的用户之间关于信息传输与共享的质量约定。为满足用户的要求，无线传感器网络必须能够为用户提供足够的资源。

3）能量管理。在无线传感器网络中，电源能量是各个节点最宝贵的资源。为了使无线传感器网络的使用时间尽可能地长，需要合理、有效地控制节点对能量的使用。每个协议层中都要增加能量控制代码，并提供给操作系统进行能量分配决策。

4）安全管理。由于节点随机部署、网络拓扑的动态性以及无线信道的不稳定，传统的安全机制无法在无线传感器网络中使用，因此需要设计新型的网络安全机制，这需要采用扩频通信、接入认证、鉴权、数字水印和数据加密等技术。

5）移动管理：用来检测和控制节点的移动，维护到汇聚节点的路由，还可以使传感器节点跟踪其邻居节点。

6）网络管理：是对网络上的设备及传输系统进行有效监视、控制、诊断和测试所采用的技术和方法。它要求各层协议嵌入各类信息接口，并定时收集协议运行状态和流量信息，协调控制网络中各个协议组件的运行。

3．应用支撑平台

应用支撑平台建立在分层的网络通信协议和网络管理平台的基础之上。它包括一系列基于检测任务的应用层软件，通过应用服务接口和网络管理接口来为终端用户提供具体的应用支持。

1）时间同步。无线传感器网络的通信协议和应用要求各节点间的时钟必须保持同步，这样多个传感器节点才能相互配合工作。此外，节点的休眠和唤醒也需要时钟同步。

2）定位：确定每个传感器节点的相对位置或绝对位置。节点定位在军事侦察、环境监测、紧急救援等环境中尤为重要。

3）应用服务接口。无线传感器网络的应用是多种多样的，针对不同的应用环境，有各种应用层的协议，如任务安排和数据分发协议、节点查询和数据分发协议等。

4）网络管理接口：主要是传感器管理协议，用来将数据传输到应用层。

2.2 物理层

无线传感器网络物理层可采用的传输媒介多种多样，包括无线电波、红外线、光波、超声波等，后三者由于自身通信条件的限制（如要求视距通信等），仅适用于特定的无线传感器网络应用环境。无线电波易于产生，传播距离较远，容易穿透建筑物，在通信方面没有特殊的限制，能够满足无线传感器网络在未知环境中的自主通信需求，是目前无线传感器网络的主流。

2.2.1 物理层概述

物理层是 TCP/IP 网络模型的第一层（最底层），是整个通信系统的基础，正如

高速公路和街道是汽车通行的基础一样。物理层为设备之间的数据通信提供传输媒体及互联设备，为数据传输提供可靠的环境。

物理层的首要功能是为数据端设备提供传送数据的通路，其次是传输数据。要完成这两个功能，物理层规定了如何建立、维护和拆除物理链路。

在图 2-2 所示的计算机网络模型中，物理层规定了信号如何发送、如何接收、什么样的信号代表什么含义、应该使用什么样的传输介质和什么样的接口等。

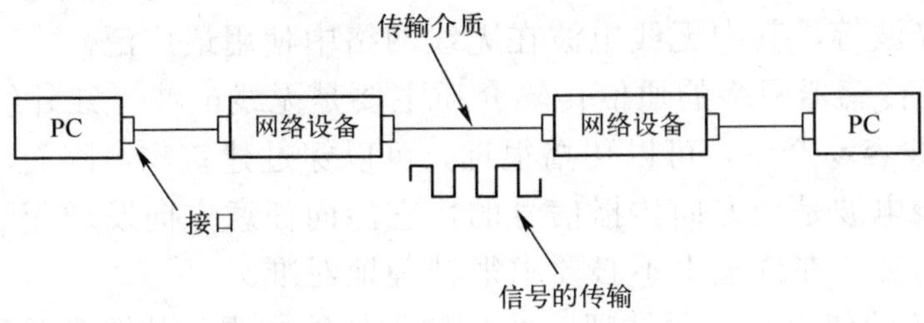

图 2-2　计算机网络模型

信号的传输离不开传输介质，而传输介质两端必然有接口用于发送和接收信号。因此，规定各种传输介质和接口与传输信号相关的一些特性也是物理层的主要任务之一。

国际标准化组织（International Organization for Standardization, ISO）对开放系统互连（Open System Interconnection, OSI）参考模型中物理层的定义如下：物理层为建立、维护和释放数据链路实体之间的二进制比特传输的物理连接，提供机械的、电气的、功能的和规程的特性。

（1）机械特性

机械特性也叫物理特性，指通信实体间硬件连接接口的机械特点，如接口所用接线器的形状和尺寸、引线数目和排列、固定和锁定装置等。这很像平时常见的各种规格的电源插头，其尺寸有严格的规定。

（2）电气特性

电气特性规定了在物理连接上，导线的电气连接及有关电路的特性，一般包括接收器和发送器电路特性的说明、信号的识别、最大传输速率的说明、与互连电缆相关的规则、发送器的输出阻抗、接收器的输入阻抗等电气参数等。

（3）功能特性

功能特性指物理接口各条信号线的用途，包括接口线功能的规定方法、接口信号线的功能分类（数据信号线、控制信号线、定时信号线和接地线四类）。

（4）规程特性

规程特性指利用接口传输比特流的全过程及各项用于传输的事件发生的合法顺序，包括事件的执行顺序和数据传输方式，即在物理连接建立、维持和交换信息时，

DTE/DCE[㊀]双方在各自电路上的动作序列。

以上四个特性实现了物理层在传输数据时，对信号、接口和传输介质的规定。

物理层的主要技术包括介质的选择、频段的选择、调制和解调技术、扩频技术。

1. 介质的选择

无线通信的介质包括电磁波和声波。电磁波是最主要的无线通信介质，而声波一般仅用于水下的无线通信。根据波长的不同，电磁波分为无线电波、微波、红外线、毫米波和光波等，其中无线电波在无线网络中使用最广泛。

目前，无线传感器网络的通信传输介质主要是无线电波、红外线等。

1）无线电波容易产生，可以传播很远，可以穿过建筑物，因而广泛用于室内外无线通信。无线电波是全方向传播信号的，它能向任意方向发送无线信号，所以发射方和接收方的装置在位置上不必要求很精确地对准。

2）红外通信的优点是无须注册，并且抗干扰能力强。其缺点是穿透能力差，要求发送者和接收者之间存在视距关系。这导致了红外线难以成为无线传感器网络的主流传输介质，而只能用在一些特殊场合。

2. 频段的选择

无线电波的传播特性与频率相关。如果采用较低频率，则它能轻易地通过障碍物，但电波能量随着与信号源距离 r 的增大而急剧减小，二者的大致关系为：$E=1/r^3$。如果采用高频传输，则它趋于直线传播，且受障碍物阻挡的影响。无线电波易受发动机和其他电子设备的干扰。

另外，由于无线电波的传输距离较远，用户之间的相互串扰也是需要关注的问题，所以每个国家和地区都有关于无线频率管制方面的使用授权规定。

无线电波的通信限制较少，通常人们选择“工业、科学和医疗”（Industrial，Scientific and Medical，ISM）频段[㊁]。ISM 频段的优点在于它是自由频段，无须注册，可选频谱范围大，实现起来灵活方便。其缺点是功率受限，与现有无线通信应用存在相互干扰问题。尽管传感器网络可以通过其他方式实现通信，如各种电磁波（如射频和红外）、声波，但无线电波仍是当前传感器网络的主流通信方式，在很多领域得到了广泛应用。

3. 调制和解调技术

因为是无线网络，传输介质自然要选电磁波。不过，源信号要依靠电磁波传输

㊀ DTE：数据终端设备，所有具有作为二进制数字数据源点或终点能力的单元，也就是与我们直接接触的一些设备，如计算机、打印机、传真机等。我们需要通信的信息都可以通过它转化为数字世界中的 0/1 信号。DCE：数据电路终接设备，任何能够通过网络发送和接收模拟或数字数据的功能单元。DTE 产生了包含一定信息的二进制数字数据，但这种数据不适合直接在通信双方之间的介质（或网络）上传输，因此引入了 DCE 来对二进制数字数据进行调制或转换等工作，使其适于远距离传输。

㊁ ISM 频段是各国挪出某一段频段主要开放给工业、科学和医学机构使用。应用这些频段无须许可证或费用，只需要遵守一定的发射功率（一般低于 1W），不对其他频段造成干扰即可。ISM 频段在各国的规定并不统一。

必须通过调制技术变成高频信号，当抵达接收端时，再通过解调技术还原成原始信号。目前采用的调制方法分为模拟调制和数字调制两种。它们的区别在于调制信号所用的基带信号的模式不同（一个为模拟，一个为数字）。

通常信号源的编码信息（即信源）含有直流分量和频率较低的频率分量，称为基带信号。基带信号往往不能作为传输信号，因而要将基带信号转换为频率非常高的带通信号，以便进行信道传输。通常将带通信号称为已调信号，而基带信号称为调制信号。

调制对通信系统的有效性和可靠性有很大的影响，采用什么方法调制和解调往往在很大程度上决定着通信系统的质量。根据调制中采用的基带信号的类型，可以将调制分为模拟调制和数字调制。模拟调制是用模拟基带信号对高频载波的某一参量进行控制，使高频载波随着模拟基带信号的变化而变化。数字调制是用数字基带信号对高频载波的某一参量进行控制，使高频载波随着数字基带信号的变化而变化。

目前通信系统都在由模拟制式向数字制式过渡，因此数字调制已经成为主流的调制技术。

（1）模拟调制

基于正弦波的调制技术无外乎对其参数幅度 $A(t)$、频率 $f(t)$、相位 $\Phi(t)$ 的调整。它们分别对应的调制方式为幅度调制（Amplitude Modulation，AM）、频率调制（Frequency Modulation，FM）和相位调制（Phase Modulation，PM）。

$$v(t)=A(t)\sin[2\pi f(t)+\Phi(t)] \tag{2-1}$$

使载波的幅值和频率、相位随调制信号而变化的过程分别称为调幅和调频、调相，它们的已调波也就分别称为调幅波、调频波和调相波，如图 2-3 所示。

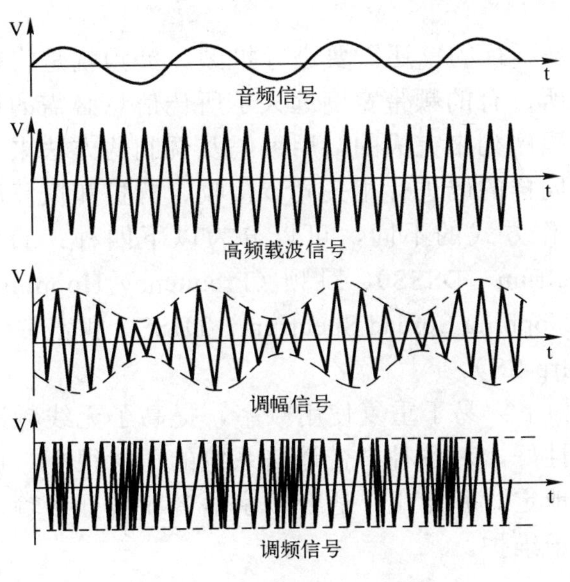

图 2-3　模拟信号调制图

（2）数字调制

当数字调制信号为二进制矩形全占空脉冲序列时，由于该序列只存在“有电”和“无电”两种状态，因此可以采用电键控制（称为键控信号），所以上述数字信号的调幅、调频、调相分别又被称为幅移键控（Amplitude Shift Keying，ASK）、频移键控（Frequency Shift Keying，FSK）和相移键控（Phase Shift Keying，PSK）。图 2-4 所示为二进制数字信号的调制图。

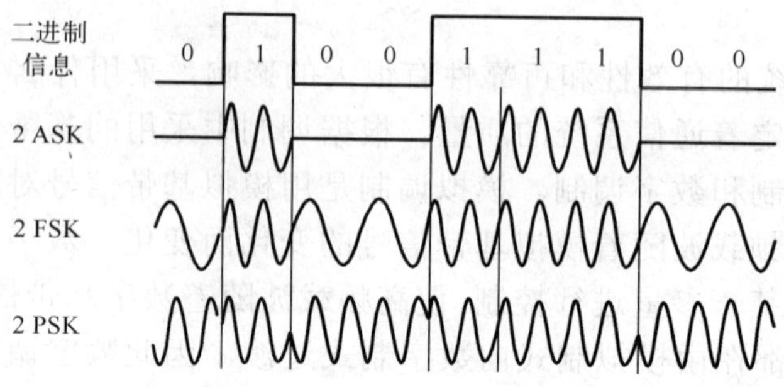

图 2-4　二进制数字信号调制图

20 世纪 80 年代以来，人们十分重视调制技术在无线通信系统中的应用，以寻求频谱利用率更高、频谱特性更好的数字调制方式。由于振幅键控信号的抗噪声性能不够理想，因此目前在无线通信中广泛应用的调制方法是频率键控和相位键控。

- ASK：结构简单，易于实现，对带宽的要求小。其缺点是抗干扰能力差。
- FSK：相比于 ASK 需要更大的带宽。
- PSK：更复杂，但是具有较好的抗干扰能力。

4. 扩频技术

信号仅经过调制是不行的，还需要进行扩频。扩频就是将待传输数据进行频谱扩展的技术，其信号所占有的频带宽度远大于所传信息必需的最小带宽。频带的扩展是通过一个独立的码序列来完成的，用编码及调制的方法来实现，与所传信息数据无关，在接收端用同样的码进行相关同步接收、解扩和恢复所传信息数据。

扩频技术按照工作方式的不同，可以分为以下四种：直接序列扩频（Direct Sequence Spread Spectrum，DSSS）、跳频（Frequency Hopping Spread Spectrum，FHSS）、跳时（Time Hopping Spread Spectrum，THSS）和宽带线性调频扩频（Chirp Spread Spectrum，Chirp-SS）。

扩频技术的优点如下：易于重复使用频率，提高了无线频谱利用率；抗干扰性强，误码率低；隐蔽性好，对各种窄带通信系统的干扰很小；可以实现码分多址；抗多径干扰；能精确地定时和测距；适合数字语音和数据传输，以及开展多种通信业务；安装简便，易于维护。

2.2.2 链路特性

无线传感器网络性能的优劣和无线信道的好坏是密不可分的。与传统的有线信道不同，无线网络接收器与发射器之间信号的传播路径是随机的，而且是非常复杂、难以分析的。数据包在传输过程中会遇到路径损耗、噪声干扰、多径效应、邻节点干扰等情况，从而造成数据包的丢失。

1. 路径损耗

在无线传感器网络中，发送节点发送的信号在传播过程中能量并不是恒定的，而是随着距离的增大而衰减，这个过程称为路径损耗。典型的能耗衰减与距离的关系为

$$E = k \times d^n \tag{2-2}$$

式中，k 为常量，n 的取值范围为 $2<n<4$，其大小一般与多个因素有关，如信号的载频或传播的环境等。如果传感器节点散播在离地面很近的区域时，则会受到很多障碍物的干扰，此时就需要增大 n 的值。此外，无线发射天线的选择也会对信号产生一定影响。经常使用的路径损耗模型有自由空间传播模型、地面双向反射模型、对数距离路径损耗模型以及哈他模型。

2. 多径效应

多径效应是指由无线信道中的多径传输现象所引起的干涉延时效应。无线信号在传输的过程中，经过周围物体或地面的反射后，会通过多条不同的路径到达接收端，接收端收到的信号是多个信号叠加在一起的，这些信号由于传输路径的不同、延迟的不同以及路径损耗的不同，它们的相位和幅度也就不同。这些信号混合在一起，会引起信号的衰落。就点对点通信链路来讲，多径效应会导致无线链路上数据包的损坏或丢失。

多径效应与信号所处的环境紧密相关，在无线传感器网络中，节点位置发生变化或环境的变化都会改变信号的接收强度。不仅是动态网络中存在多径效应，而且在静态网络中，由于环境的影响，多径效应仍然存在。

3. 噪声干扰

在无线信号的传输过程中，接收端收到的不仅仅是包含信息的有用信号，还可能收到不含任何信息的无用信号，这些无用信号称为噪声。噪声的来源可能是自然界（俗称自然噪声），也可能是人为干扰（俗称人为噪声），还有可能是来自芯片内部的热噪声。

接收端正确收到信号的前提是到达接收端信号的信噪比要高于所设定的信噪比的门限，当功率设为定值时，接收端信噪比会随着噪声功率的增大而降低，信号校

验的准确性会降低，数据包丢失的概率也会增大。

4. 邻节点干扰

在无线传感器网络实际应用中，节点部署的密度通常都很大，当网络中某个节点对数据进行发送时，其他节点也有可能在同频率上进行数据的传输，这种情况下信号就会产生叠加，将这种不同于噪声干扰的现象称为邻节点干扰。由于无线电信号采用的编码方式基本相同，所以这种干扰对信号的准确性会产生很大的影响。为了避免上述干扰，研究者们根据无线传感器网络的协议特点提出了载波侦听多路访问机制（Carrier Sense Multiple Access，CSMA）。它是一种介质访问控制协议，目的是使网络中的节点都能够独立地接收和发送数据。当一个节点准备发送数据时，首先要进行载波侦听来确定当前信道是否空闲，只有信道空闲时，才能进行数据的传输。这种控制协议原理比较简单，实现起来比较容易，可以有效地降低节点间的干扰。

5. 链路的非对称性

在无线传感器网络中，由于节点所处的环境和性能基本相同，因此往往会认为链路是对称的。但事实上并非如此。图 2-5 所示是一个点对点的链路示意图，这里可以用包接收率来量化链路特性，P_1 代表节点 A 向节点 B 发送数据时，节点 B 的包接收率；P_2 代表节点 B 向节点 A 发送数据时，节点 A 的包接收率。一般来说，当 $|P_1-P_2|\geq 0.25$ 时，就会认为这两个链路之间是非对称性的。此外，多径效应也可能会使链路之间的衰减存在差异。

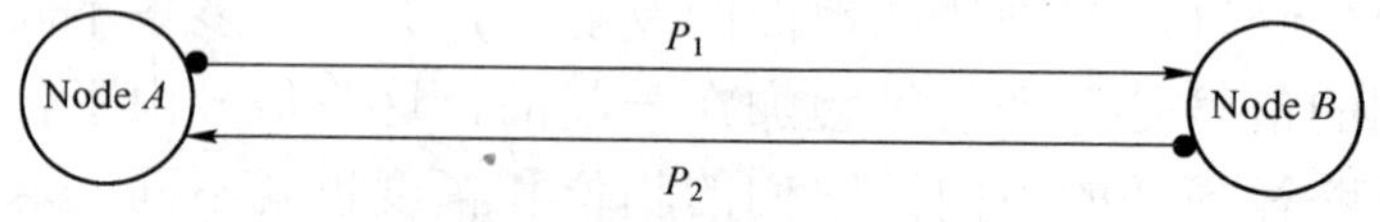

图 2-5　无线链路传播示意图

链路的非对称性不仅会对上层协议的性能造成很大的影响，而且会使整个网络的通信变得很不可靠，大大降低了网络的性能。

2.2.3　物理层设计

物理层的设计目标是以尽可能少的能量消耗获得较大的链路容量。物理层设计的一些非常重要的问题如下：

1）低功耗问题。

2）低发射功率和小传播范围。

3）低占空系数问题。

4）相对较低的数据率（一般来说每秒几十或几百 kbit）。

5）较低的实现复杂度和较低的成本。

6）较小的移动程度。

在无线传感器网络的物理层设计中，面临着以下挑战：

（1）成本

低成本是无线传感器网络节点设计的基本要求。只有低成本，才能将节点大量地布置到目标区域内，表现出无线传感器网络的各种优点。物理层的设计直接影响到整个网络的硬件成本。节点最大限度的集成化设计、减少分离元件是降低成本的主要手段。

随着 CMOS 工艺技术的发展，数字单元基本已完全可以基于 CMOS 工艺实现，并且体积也越来越小；但是模拟部分，尤其是射频单元的集成化设计仍需占用很大的芯片面积，所以靠近天线的数字化射频收发机的研究是降低当前通信前端电路成本的主要途径。

（2）功耗

无线传感器网络推荐使用免许可证频段 ISM。在物理层技术选择方面，环境的信号传播特性、物理层技术的能耗是设计的关键问题。传感器网络的典型信道属于近地面信道，其传播损耗因子较大，且天线高度距离地面越近，其损耗因子就越大，这是物理层设计的不利因素。然而无线传感器网络的某些内在特征也有有利于设计的方面，如高密度部署的无线传感器网络具有分集特性，可以用来克服阴影效应和路径损耗。

2.2.4　低速物理层

1. IEEE 802.15.4

无线传感器网络中较为主要的通信技术是基于 IEEE 802.15.4 标准的无线个域网技术，其规定了面向低速无线个域网的物理层和媒体介入控制层（MAC）规范。该标准规范的目标是面向 10～100m 的短距离应用，具有低速、容易布设、较为可靠的数据传输、短距离操作、超低成本和合理的电池生命周期等特点。IEEE 802.15.4 标准工作组于 ISM 频段定义了 2450MHz 频段和 868/915MHz 频段的两个物理层规范，这两种物理层规范均基于直接序列扩频技术，对于不同频段的物理层，其码片的调制方式各不相同，见表 2-1。

表 2-1　IEEE 802.15.4 标准各频点主要物理层参数

频点	868MHz	915MHz	2.4GHz
带宽	0.6MHz	2MHz	5MHz
信道数	1	10	16
码片调制方式	BPSK（二进制相移键控）	BPSK	OQPSK（偏移四相相移键控）
传输速率	20kbit/s	40kbit/s	250kbit/s
应用区域	欧洲	美国	全球

2. UWB

超宽带技术（Ultra Wide Band, UWB）是一种无载波通信技术，采用纳秒至皮秒级的脉冲进行通信，所占频谱非常宽，频段范围是 3.1～10.6GHz，并且传输时，该技术发射功率极低。虽然 UWB 技术的传输范围在 10m 内，但速度能达到每秒几百兆位至几吉位。UWB 技术最初主要用于军用雷达应用中，只在美国军方使用，现在该技术已被准许在民用领域使用。

由于 UWB 抗干扰能力强、极宽的带宽、传输速率高、发射功率小等特点，UWB 在室内无线通信、高速 WLAN、安全监测等方面都具有应用前景。

3. 红外通信技术

红外通信技术是一种无线通信方式，可以进行无线数据的传输。红外通信技术适用于低成本、跨平台、点对点高速数据连接，尤其是嵌入式系统。红外通信技术主要应用于设备互联，还可用于信息网关。设备互联后可完成不同设备内文件与信息的交换。信息网关负责连接信息终端和互联网。红外通信技术已被全球范围内的众多软硬件厂商所支持和采用，目前主流的软件和硬件平台均提供对它的支持，红外通信技术已被广泛应用在移动计算设备和移动通信设备中。

红外传输是一种点对点的无线传输方式，近距离传输，且需要对准方向，红外传输中间不能有障碍物，几乎无法控制信息传输的速度。

2.2.5 中高速物理层

1. Wi-Fi

Wi-Fi（Wireless Fidelity，无线保真技术）其实就是 IEEE 802.11b 的别称，是无线局域网联盟的一个商标，目的是改善基于 IEEE 802.il 协议的无线产品之间的互通性。因此，现在基于 IEEE 802.il 协议的无线局域网统称为 Wi-Fi 网络。Wi-Fi 网络是以太网的一种无线扩展，具有部署方便、构建快速和灵活的特点，能够与现有的有线网络无缝连接，不需要额外的接入设备。Wi-Fi 的工作频段在 ISM 2.4GHz 频带上。Wi-Fi 的主要特点是高速率，IEEE 802.il 标准中从最初的 1Mbit/s 和 2Mbit/s 传输速率的技术发展到目前广泛使用的 802.11g 协议，其最大数据传输率为 54Mbit/s。

IEEE 802.11 支持带宽的自动调节，在信号不好或信道受到干扰的情况下，网络带宽可在 11Mbit/s、5.5Mbit/s、2Mbit/s 和 1Mbit/s 内变化。通信距离远也是 Wi-Fi 的一大优势，其通信距离在空旷的室外能达到 300m，室内也能达到 100m，在监测区域能有效减少设备的使用，降低成本。

在 Wi-Fi 设备刚面市时，价格比较贵，不同制造商的设备兼容性差、安全性不理想，使用不是十分广泛。但随着研究的不断深入，IEEE 802.11 协议更加完善，硬

件制造技术更加成熟，这些问题逐步得到了解决。近年来，Wi-Fi 芯片广泛应用在 PDA、移动电话和其他便携式设备中。随着各国政府对无线基础设施的大力建设，在无线传感器网络中应用 Wi-Fi 技术已具备了相应的条件。

2. Blue Tooth

Blue Tooth（蓝牙）技术是由爱立信公司提出的一种全球性的短距离无线通信标准，起初的目的是取代手机与其附件的一切电缆连接，实现更方便的无线通信。蓝牙技术是一种典型的短距离无线通信技术，传输的距离为 10m 左右，工作于 2.4GHz 的 ISM 频段，传输速率在最新的版本中可达到 10Mbit/s。蓝牙支持点对点、点对多点的连接，方便灵活地实现安全可靠、快速的语音及数据业务的无线传输。但由于其通信范围和网络容量的限制，一个蓝牙设备不能和超过 7 个蓝牙设备进行通信，因此在很大程度上限制了蓝牙技术在无线传感器网络中的应用。

3. WiMAX

全球互通微波存取（Worldwide Interoperability for Microwave Access, WiMAX）是一项高速无线数据网络标准，主要用于城域网络（MAN）。由 WiMAX 论坛提出并于 2001 年 6 月成形。

WiMAX 能提供多种应用服务，包括“最后一英里”无线宽带接入、热点、小区回程线路，以及作为商业用途在企业间的高速连线。通过 WiMAX 一致性测试的产品都能够彼此建立无线连接并传送互联网分组数据。在概念上类似 Wi-Fi，但 WiMAX 改善了性能，并支持更远的传输距离。

4. WCDMA

WCDMA 指宽带码分多址，是一种第三代无线通信技术。WCDMA 是由 3GPP 制定的，基于 GSM MAP 核心网。UMTS（陆地无线接入网）为无线接口的第三代移动通信系统。

WCDMA 是一个 ITU（国际电信联盟）标准，采用直接序列扩频码分多址、频分双工（FDD）方式，码片速率为 3.84Mcps，载波带宽为 5MHz。WCDMA 能够支持移动手提设备之间的语音、图像、数据及视频通信，速率可达 2Mbit/s（对于局域网而言）或 384kbit/s（对于宽带网而言）。输入信号先被数字化，然后在一个较宽的频谱范围内以编码的扩频模式进行传输。

2.3　数据链路层

在通信网络中，通信的对等实体之间的数据传输通道称为数据链路（Data Link），包含了物理链路和必要的传输控制规范。由于无线信道的特点，使得无线链路不像有线链路那样稳定，无线信道常常存在电磁干扰等诸多不稳定因素，使无线物理信道的通信质量难以保证。数据链路协议最主要的功能是通过该层协议的作用，在一条不太可靠的通信链路上实现可靠的数据传输。数据链路控制协议是在物理层上加上必要的规程来控制节点间的数据传输，实现数据块或数据帧的可靠传输。数据链路控制协议主要包含 MAC 层协议和数据链路层（Data Link Layer, DLL）协议。

2.3.1 MAC 概述

MAC 层位于物理层之上，负责把物理层的“0”“1”比特流组建成帧，并通过帧尾部的错误校验信息进行错误校验；提供对共享介质的访问方法，包括以太网的带冲突检测的载波侦听多路访问（CSMA/CD）、令牌环（Token Ring）、光纤分布式数据接口（FDDI）等。

在无线传感器网络中，MAC 协议决定无线信道的使用方式，在传感器节点之间分配有限的无线通信资源，用来构建传感器网络系统的底层基础结构。MAC 协议处于传感器网络协议的底层部分，对传感器网络的性能有较大影响，是保证无线传感器网络高效通信的关键网络协议之一。

在设计无线传感器网络的 MAC 协议时，需要着重考虑以下几个方面：

（1）节省能量

由于无线传感器网络应用的特殊性，要求传感器节点的价格低、功耗小，这必然导致其携带的处理器能力比较弱，存储器容量比较小。因此，MAC 协议必须充分利用有限的计算和存储资源，完成诸多协同任务。

（2）可扩展性

由于传感器节点数目、节点分布密度等在传感器网络生存过程中不断变化，节点位置也可能移动，还有新节点加入网络等问题，使无线传感器网络的拓扑结构具有动态性。MAC 协议也应具有可扩展性，以适应这种动态变化的拓扑结构。

（3）网络效率

网络效率包括网络的公平性、实时性、网络吞吐量以及带宽利用率等。

（4）算法复杂度

MAC 协议要具备上述特点，众多节点协同完成应用任务，必然增加算法的复杂度。由于传感器节点计算能力和存储能力受限，MAC 协议应能根据应用需要，在复杂度和上述性能之间取得折中。

（5）与其他层协议的协同

无线传感器网络应用的特殊性对各层协议都提出了一些共同的要求，如能量效率、可扩展性、网络效率等，研究 MAC 协议与其他层协议的协同问题，通过跨层设计而获得系统整体的性能优化。

MAC 协议设计面临的问题如下：

（1）空闲监听

因为节点不知道邻居节点的数据何时到来，所以必须始终保持自己的射频部分处于接收模式，形成空闲监听，造成了不必要的能量损耗。

（2）冲突（碰撞）

如果两个节点同时发送，并相互干扰，则它们的传输都将失败，发送包被丢弃。此时用于发送这些数据包所消耗的能量就浪费了。

（3）控制开销

为了保证可靠传输，协议将使用一些控制分组。

（4）串扰（串音）

由于无线信道为共享介质，因此节点也可以接收到不是发送给自己的数据包，然后将其丢弃，此时也会造成能量的耗费。

由于无线传感器网络是针对应用的网络，不同的应用侧重于不同的网络性能，因此映射到 MAC 协议上就常有不同的设计偏重。根据当前主流的分类方式，可将 MAC 层协议分为基于竞争的 MAC 协议、基于时分复用的 MAC 协议和其他类型的 MAC 协议。

2.3.2　基于竞争的 MAC 协议

基于竞争的 MAC 协议访问无线信道的方式是按需随机访问信道，基本思想是当节点需要发送数据时，通过竞争方式使用信道，若竞争成功则开始发送数据，若产生了数据碰撞，则按照一定的重发策略开始数据重发流程。

基于竞争的 MAC 协议有以下优点：

1）由于是根据需要分配信道，所以这种协议能较好地满足节点数量和网络负载的变化。

2）能较好地适应网络拓扑的变化。

3）不需要复杂的时间同步或集中控制调度算法。

典型的基于竞争的MAC协议有ALOHA协议、CSMA/CD协议、无线局域网IEEE 802.11MAC协议。

1. ALOHA 协议

ALOHA 协议是随机访问或者竞争发送协议。随机访问意味着无法预计其发送的时刻；竞争发送是指所有发送自由竞争信道的使用权。ALOHA 协议又称 ALOHA 技术、ALOHA 网，是世界上最早的无线电计算机通信网。它是 1968 年美国夏威夷大学的一项研究计划的名字，由该校 Norman Amramson 等人为他们的地面无线分组网设计的，也是最早最基本的无线数据通信协议。

ALOHA 协议的思想很简单，只要用户有数据要发送，就尽管让他们发送。当然，这样会产生冲突从而造成帧的破坏。但是，由于广播信道具有反馈性，因此发送方可以在发送数据的过程中进行冲突检测，将接收到的数据与缓冲区的数据进行比较，就可以知道数据帧是否遭到破坏。如果发送方知道数据帧遭到破坏（即检测到冲突），那么可以等待一段时间（长度随机）后重发该帧。

由于在有数据发送时，节点并不首先进行侦听工作，因此 ALOHA 协议具有比较短的信道接入时延和传输时延，在网络低负载的情况下，该协议具有较好的实时性。然而，当网络的负载增大时，节点间的数据冲突次数也随之增多，并会降低网络的数据吞吐率，增加数据的传输延迟。

2. CSMA/CD 协议

CSMA/CD（Carrier Sense Multiple Access/Collision Detection，带有冲突检测的载波侦听多路存取）是 IEEE 802.3 使用的一种媒体访问控制方法。其基本原理是：每个节点都共享网络传输信道，在发送数据之前，都会检测信道是否空闲，如果空闲则发送，否则就等待；在发送出信息后，对冲突进行检测，当发现冲突时，则取消发送。

冲突检测的方法很多，通常以硬件技术实现。一种方法是比较接收到的信号的电压大小，只要接收到的信号的电压摆动值超过某一门限值，就可以认为发生了冲突。另一种方法是在发送帧的同时进行接收，将收到的信号逐比特地与发送的信号比较，如果有不符合的，就说明出现了冲突。

CSMA/CD 是对传统 CSMA 算法的进一步完善，因其增加了冲突检测机制，检测到冲突时停止无意义的数据发送，因此减少了信道带宽的浪费。

3. IEEE 802.11MAC 协议

IEEE 802.11MAC 协议有分布式协调（Distributed Coordination Function，DCF）和点协调（Point Coordination Function，PCF）两种访问控制方式，其中 DCF 方式是 IEEE 802.11MAC 协议的基本访问控制方式。由于在无线信道中难以检测到信号的碰撞，因此只能采用随机退避的方式降低数据碰撞的概率。在 DCF 工作方式下，节点在侦听到无线信道忙后，采用 CSMA/CD 机制和随机退避时间，实现无线信道的共享。所有定向通信都采用立即的主动确认（ACK 帧）机制，如果没有收到 ACK 帧，则发送方会重传数据。而 PCF 工作方式是基于优先级的无竞争访问，是一种可选的控制方式。它通过访问接入点（Access Point，AP）协调节点的数据收发，通过轮询方式查询当前哪些节点有数据发送的请求，并在必要时给予数据发送权。

IEEE 802.11MAC 协议规定了三种基本的帧间间隔（Inter-Frame Spacing, IFS），用来区分无线信道的优先级。

1）SIFS（Short IFS）：最短帧间间隔。使用 SIFS 的帧优先级最高，用于需要立

即响应的服务，如 ACK 帧、CTS 帧和控制帧等。

2）PIFS（PCF IFS）：PCF 方式下节点使用的帧间间隔，用以获得在无竞争访问周期启动时访问信道的优先权。

3）DIFS（DCF IFS）：DCF 方式下节点使用的帧间间隔，用以发送数据帧和管理帧。

上述各帧间的间隔关系：DIFS>PIFS> SIFS。

根据 CSMA/CD 协议，当一个节点要传输一个分组时，它首先侦听信道状态。如果信道空闲，而且经过一个帧间间隔 DIFS 后，信道仍然空闲，则立即开始发送信息。如果信道忙，则一直侦听信道直到信道的空闲时间超过 DIFS。当信道最终空闲下来时，节点进一步使用二进制退避算法（Binary Back off Algorithm），进入退避状态来避免发生冲突。

随机退避时间按下面的公式计算：

$$退避时间=\text{Random}(\ )\times \text{aSlottime}$$

式中，Random( )是竞争窗[0,CW]内平均分布的伪随机整数；CW 是整数随机数，其值处于标准规定的 aCWmax 和 aCWmin 之间；aSlottime 是一个时隙时间，包括发射启动时间、媒体传播时延和检测信道的响应时间等。

节点在进入退避状态时，启动一个退避计时器，当计时达到退避时间后结束退避状态。在退避状态下，只有当检测到信道空闲时才进行计时。如果信道忙，则退避计时器中止计时，直到检测到信道空闲时间大于 DIFS 后才继续计时。当多个节点推迟且进入随机退避时，利用随机函数选择最小退避时间的节点作为竞争优胜者。

IEEE 802.11MAC 协议中通过立即主动确认机制和预留机制来提高性能。在主动确认机制中，当目标节点收到一个发给它的有效数据帧时，必须向源节点发送一个应答帧 ACK，确认数据已被正确接收到。为了保证目标节点在发送 ACK 过程中不与其他节点发生冲突，目标节点使用 SIFS 帧间隔。主动确认机制只能用于有明确目标地址的帧，不能用于组播报文和广播报文传输。为减少节点间使用共享无线信道的冲突概率，预留机制要求源节点和目标节点在发送数据帧之前交换简短的控制帧，即发送请求帧 RTS 和清除帧 CTS。从 RTS（或 CTS）帧开始到 ACK 帧结束的这段时间，信道将一直被这次数据交换过程占用。RTS 帧和 CTS 帧中包含有关这段时间长度的信息。每个节点维护一个定时器，记录网络分配向量 NAV，指示信道被占用的剩余时间。一旦收到 RTS 帧或 CTS 帧，所有节点都必须更新它们的 NAV 值。只有在 NAV 减到零时，节点才可以发送信息。通过此种方式，RTS 帧和 CTS 帧为节点的数据传输预留了无线信道。

2.3.3　基于时分复用的 MAC 协议

时分复用（Time Division Multiple Access, TDMA）是实现信道分配的简单成熟

的机制，蓝牙网络采用了基于 TDMA 的 MAC 协议。在传感器网络中采用 TDMA 机制，就是为每个节点分配独立的用于数据发送或接收的时隙，而节点在其他空闲时隙内转入睡眠状态。

TDMA 机制的一些特点非常适合无线传感器网络节省能量的需求：TDMA 机制没有竞争机制的碰撞重传问题，数据传输时不需要过多的控制信息，节点在空闲时隙能够及时进入睡眠状态。TDMA 机制需要节点之间比较严格的时间同步。时间同步是传感器网络的基本要求：多数传感器网络都使用了侦听/睡眠的能量唤醒机制，利用时间同步来实现节点状态的自动转换；节点之间为了完成任务需要协同工作，这同样不可避免地需要时间同步。TDMA 在网络扩展性方面存在不足：很难调整时间帧的长度和时隙的分配，对于传感器节点的移动、失效等动态拓扑结构适应性较差，对于节点发送数据量的变化也不敏感。

2.3.4 其他类型的 MAC 协议

基于 TDMA 的 MAC 协议虽然有很多优点，但网络扩展性差，需要节点间严格的时间同步，对于能量和计算能力都有限的传感器节点而言其实现比较困难。人们考虑通过 FDMA 或者 CDMA 与 TDMA 相结合的方法，为每对节点分配互不干扰的信道实现信息传输，从而避免了共享信道的碰撞问题，增强了协议的扩展性。

1. SMACS/EAR 协议

Sohrabi 等提出的 SMACS/EAR（Self-organizing MAC for Sensor Network/Eavesdrop and Register，具有监听/注册能力的无线传感器网络自组织 MAC 协议）是结合 TDMA 和 FDMA 的基于固定信道分配的分布式 MAC 协议，用来建立一个对等的网络结构。SMACS 协议主要用于静止的节点之间连接的建立，而对于静止节点与运动节点之间的通信，则需要通过 EAR 协议进行管理。其基本思想是，为每一对邻居节点分配一个特有频率进行数据传输，不同节点对间的频率互不干扰，从而避免同时传输的数据之间产生碰撞。

SMACS 协议假设节点静止，节点在启动时广播一个“邀请”消息，通知附近节点与本节点建立连接，接收到“邀请”消息的邻居节点与发出“邀请”消息的节点交换信息，在二者之间分配一对时隙，供二者以后通信。EAR 协议用于少量运动节点与静止节点之间进行通信，运动节点侦听固定节点发出的“邀请”消息，根据消息的信号强度、节点 ID 号等信息，决定是否建立连接。如果运动节点认为需要建立连接，则与对方交换信息，分配一对时隙和通信频率。SMACS/EAR 不需要所有节点的帧同步，可以避免复杂的高能耗同步操作，但不能完全避免碰撞，多个节点在协商过程中可能同时发出“邀请”消息或应答消息，从而出现冲突。在可扩展性方面，SMACS/EAR 协议可以为变化慢的移动节点提供持续的服务，但并不适用于

拓扑结构变化较快的无线传感器网络。在网络效率方面，由于协议要求两节点间使用不同的频率通信，固定节点还需要为移动节点预留可以通信的频率，因此网络需要有充足的带宽以保证每对节点间建立可能的连接。但是由于无法事先预计并且很难动态调整每个节点需要建立的通信链路数，因此整个网络的带宽利用率不高。

2. S-MAC 协议

S-MAC（Sensor MAC）协议是在 IEEE 802.11 协议的基础上，针对无线传感器网络的能量有效性而提出的专用于节能的 MAC 协议。S-MAC 协议设计的主要目标是减少能量消耗，提供良好的可扩展性。它针对无线传感器网络消耗能量的主要环节，采用了以下 3 方面的技术措施来减少能耗：

（1）周期性侦听和休眠

每个节点周期性地转入休眠状态，周期长度是固定的，节点的侦听活动时间也是固定的。节点苏醒后进行侦听，判断是否需要通信。为了便于通信，相邻节点之间应该尽量维持调度周期同步，从而形成虚拟的同步簇。同时每个节点需要维护一个调度表，保存所有相邻节点的调度情况，在向相邻节点发送数据时唤醒自己。每个节点定期广播自己的调度，使新接入节点可以与已有的相邻节点保持同步。如果一个节点处于两个不同调度区域的重合部分，则会接收到两种不同的调度，节点应该选择先收到的调度周期。

（2）消息分割和突发传输

考虑到无线传感器网络的数据融合和无线信道的易出错等特点，将一个长消息分割成几个短消息，利用 RTS/CTS 机制一次预约发送整个长消息的时间，然后突发性地发送由长消息分割的多个短消息。发送的每个短消息都需要一个应答 ACK，如果发送方没有收到某一个短消息的应答，则立刻重传该短消息。

（3）避免接收不必要消息

采用类似于 IEEE 802.11 的虚拟物理载波监听和 RTS/CTS 握手机制，使不收发信息的节点及时进入睡眠状态。

S-MAC 协议同 IEEE 802.11 相比，具有明显的节能效果，但是由于睡眠方式的引入，节点不一定能及时传递数据，使网络的时延增加、吞吐量下降；而且 S-MAC 采用固定周期的侦听/睡眠方式，不能很好地适应网络业务负载的变化。针对 S-MAC 协议的不足，其研究者又进一步提出了自适应睡眠的 S-MAC 协议。在保留消息传递、虚拟同步簇等方式的基础上，引入了自适应睡眠机制：如果节点在进入睡眠之前，侦听到了邻居节点的传输，则根据侦听到的 RTS 或 CTS 消息，判断此次传输所需要的时间；然后在相应的时间后醒来一小段时间（称为自适应侦听间隔）。如果这时发现自己恰好是此次传输的下一跳节点，则邻居节点的此次传输就可以立即进行，而不必等待。如果节点在自适应侦听间隔时间内没有侦听到任何消息，即不是当前传输的下一跳节点，则该节点立即返回睡眠状态，直到调度表中的侦听时间到来。自适应睡眠的S-MAC在性能上优于S-MAC，特别是在多跳网络中，可以大大减小数据传递的时延。S-MAC和自适应睡眠的S-MAC协议的可扩展性都较好，能适应网络拓扑结构的动态变化。其缺点是协议的实现较复杂，需要占用节点大量的存储空间，这对资源受限的传感器节点显得尤为突出。

3. T-MAC 协议

T-MAC（Timeout MAC）协议实际上是S-MAC协议的一种改进。S-MAC协议的周期长度受限于延迟要求和缓存大小，而侦听时间主要依赖于消息速率。因此，为了保证消息的可靠传输，节点的周期活动时间必须适应最高的通信负载，从而造成网络负载较小时，节点空闲侦听时间的相对增加。该协议在保持周期侦听长度不变的情况下，根据通信流量动态调整节点活动时间，用突发方式发送消息，减少空闲侦听时间。其主要特点是引入了一个TA（Time Active）时隙。若TA时隙之间没有任何事件发生，则活动结束进入睡眠状态。

2.4 ZigBee

ZigBee一词源自蜜蜂群在发现花粉位置时，通过ZigZag形舞蹈来告知同伴，达到交换信息的目的，可以说这是一种小动物通过简捷的方式实现"无线"的沟通。ZigBee技术是一种面向自动化和无线控制的低速率、低功耗、低价格的无线网络方案。在ZigBee方案被提出一段时间后，IEEE 802.15.4工作组也开始了一种低速率无线通信标准的制定工作。最终ZigBee联盟和IEEE 802.15.4工作组决定合作共同制定一种通信协议标准，该协议标准被命名为ZigBee。

ZigBee的通信速率要求低于蓝牙，并由电池供电为设备提供无线通信功能，同时希望在不更换电池并且不充电的情况下能正常工作几个月甚至几年。ZigBee支持Mesh型网络拓扑结构，网络规模可以比蓝牙设备大得多。ZigBee无线设备工作在公共频段上（全球为2.4GHz，美国为915MHz，欧洲为868MHz），传输距离为10～75m，具体数值取决于射频环境以及特定应用条件下的传输功耗。ZigBee的通信速率在2.4GHz时为250kbit/s，在915MHz时为40kbit/s，在868MHz时为20kbit/s。

2.4.1 ZigBee与IEEE 802.15.4的分工

IEEE 802.15.4是一个新兴的无线通信协议，是IEEE确定的低速个人区域网络（Personal Area Network，PAN）标准。这个标准定义了物理层和MAC层。物理层规范确定无线网络的工作频段以及该频段上传输数据的基准传输率。MAC层规范定义了在同一区域工作的多个802.15.4无线信号如何共享空中频段。但是，仅定义物理层和介质访问层并不能完全解决问题。因为没有统一的使用规范，不同厂家生产

出的设备存在兼容性问题，于是ZigBee联盟应运而生。这种技术以前又称为HomeRF Lite、RF-Easy Link 或 Fire Fly 无线电技术，主要用于近距离无线通信，目前统一称为 ZigBee 技术。ZigBee 从 IEEE 802.15.4 标准开始着手，定义了允许不同厂商制造的设备相互兼容的应用纲要。

ZigBee 从诞生到现在只有十几年时间，最初在 2002 年由英国 Invensys、美国摩托罗拉、荷兰飞利浦、日本三菱电气等几家公司联合成立了 ZigBee 联盟，合力推动 ZigBee 技术。2004 年 12 月，ZigBee 1.0 版标准（即 ZigBee 2004）正式发布；到了 2006 年，ZigBee 联盟已经由最初十多家公司发展成全世界 150 多家知名厂商加盟的商业团体，其标准版本也升级到 ZigBee 1.1（即 ZigBee 2006）；2007 年 10 月，ZigBee 联盟又推出了 ZigBee Pro（即 ZigBee 2007），这也是目前 ZigBee 技术的最新标准。

2.4.2 ZigBee 与 IEEE 802.15.4 的区别

IEEE PAN 工作组的 IEEE 802.15.4 技术标准是 ZigBee 技术的基础。IEEE 802.15.4 标准旨在为低能耗的简单设备提供有效覆盖范围在 10m 左右的低速连接，可广泛用于交互玩具、库存跟踪监测等消费与商业应用领域。传感器网络是其主要市场对象。

IEEE 802.15.4 总共定义了 3 个工作频带：2.4GHz、915MHz 和 868MHz。每个频带提供固定数量的信道。例如，2.4GHz 频带总共提供 16 个信道（信道 11～26）、915MHz 频带提供 10 个信道（信道 1～10），而 868MHz 频带提供 1 个信道（信道 0）。协议的比特率由所选择的工作频率决定。2.4GHz 频带提供的数据速率为 250kbit/s，915MHz 频带提供的数据速率为 40kbit/s，而 868MHz 频带提供的数据速率为 20 kbit/s。由于数据包开销和处理延迟，实际的数据吞吐量会小于规定的比特率。IEEE 802.15.4 MAC 数据包的最大长度为 127B。每个数据包都由头字节和 16 位 CRC 值组成。16 位 CRC 值验证帧的完整性。此外，IEEE 802.15.4 还可以选择使用应答数据传输机制。使用这种方法，所有特殊 ACK 标志位置 1 的帧均会被它们的接收器应答。这就可以确定帧实际上已经被传递了。如果发送帧的时候置位了 ACK 标志位而且在一定的超时期限内没有收到应答，发送器将重复进行固定次数的发送，如仍无应答就宣布发生错误。注意，接收到应答仅表示帧被 MAC 层正确接收，而不表示帧被正确处理。接收节点的 MAC 层可能正确地接收并应答了一个帧，但是由于缺乏处理资源，该帧可能被上层丢弃。因此，很多上层和应用程序要求其他的应答响应。

ZigBee 和 IEEE 802.15.4 两者之间的区别和联系如下：

1）ZigBee 完整、充分地利用了 IEEE 802.15.4 定义的功能强大的物理特性优点。

2）ZigBee 增加了逻辑网络和应用软件。

3）ZigBee 基于 IEEE 802.15.4 射频标准，同时 ZigBee 联盟通过与 IEEE 紧密工

作来确保一个集成的、完整的市场解决方案。

4）IEEE 802.15.4 工作组主要负责制定物理层和 MAC 层标准，而 ZigBee 负责网络层、安全层以及应用层的开发。

2.4.3 ZigBee 协议框架

相对于常见的无线通信标准，ZigBee 协议比较紧凑、简单，ZigBee 协议栈的体系结构主要由物理层、MAC 层、网络层以及应用层组成，如图 2-6 所示。其中，物理层和 MAC 层采用 IEEE 802.15.4 协议标准，而网络层和应用层则由 ZigBee 国际联盟制定，各层之间均有数据服务接口和管理实体接口。下面对各层协议的功能进行简单的介绍。

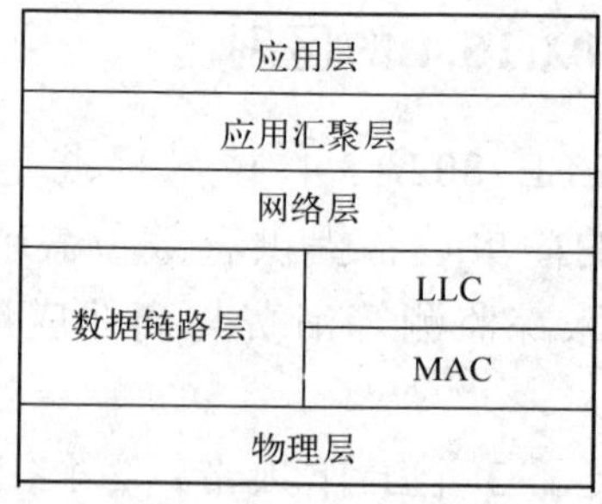

图 2-6　ZigBee 协议框架

1）应用层定义了各种类型的应用业务，是协议栈的最上层用户。

2）应用汇聚层负责把不同的应用映射到 ZigBee 网络层上，包括安全与鉴权，多个业务数据流的汇聚、设备发现和业务发现。

3）网络层的功能包括拓扑管理、MAC 管理、路由管理和安全管理。

4）数据链路层又可分为逻辑链路控制子层（LLC）和介质访问控制子层（MAC）。IEEE 802.15.4 的 LLC 子层与 IEEE 802.2 的相同，其功能包括传输可靠性保障、数据包的分段与重组、数据包的顺序传输。IEEE 802.15.4 MAC 子层通过 SSCS（Service-Specific Convergence Sublayer）协议能支持多种 LLC 标准，其功能包括设备间无线链路的建立、维护和拆除，确认模式的帧传送与接收，信道接入控制、帧校验、预留时隙管理和广播信息管理。

5）物理层采用直接序列扩频技术，定义了 3 种频率等级。

2.4.4 ZigBee 技术的特点

1）低速率、短时延。最大传输速率为 250kbit/s，搜索设备时延为 30ms，信道接入延时为 15ms，休眠激活时延 15ms，适用于对延时要求苛刻的无线控制应用。

2）低功耗。节点在非工作模式时可休眠，模式切换延时短，且技术协议中对电池使用作了优化。一般采用电池供电方式可工作半年至数年。

3）低成本。协议栈相对于蓝牙、Wi-Fi 要精简得多，对通信控制器的要求低，大大降低了器件的成本；并且协议栈为免专利费用，进一步降低了软件成本。

4）大容量网络。一个 ZigBee 网络支持 255 个设备，通过网络协调器最多可支持 65 000 多个 ZigBee 网络节点，非常适合大面积传感器网络的布建需求。

5）近距离通信。由于低功耗特点，设备发射功率小，两个节点间的通信距离为 10～100m，加大发射功率后，可达 1～3000m。通过相邻节点的连续通信传输，能建立设备的多跳通信链路，使实际通信距离大幅增加。

6）自组织、自配置。协议中加入了关联和分离功能，协调器能自动建立网络，节点设备可随时加入和退出，是一种自组织、自配置的组网模式。

2.4.5　网络层规范

网络层是位于 MAC 层之上与应用层交互的一个协议层。网络层的主要功能是设备的发现和配置、网络的建立与维护、路由的选择以及广播通信，并具有自我组网与自我修复功能。为了与应用层交互，网络层逻辑上包含两个服务实体：数据服务实体（NLDE）和管理服务实体（NLME）。

NLDE-SAP 是网络层提供给应用层的数据服务接口，用于将应用层提供的数据打包成应用层协议数据单元，并将其传输给相应节点的网络层；或者将接收到的应用层协议数据单元进行解包，并将解包后得到的数据传送给本节点的应用层，也就是说 NLDE-SAP 实现两个应用层之间的数据传输。NLDE-SAP 的主要任务如下：

1）发起一个网络并且分配网络地址（网络协调器）。

2）向网络中添加设备或者从网络中移除设备。

3）将消息路由到目的节点。

4）对发送的数据进行加密。

5）在网状网络中执行路由寻址并存储路由表。

网络层帧即网络协议数据单元（NPDU），由两个部分组成：NWK 头和 NWK 有效载荷。NWK 头部分包含帧控制、地址和序号信息；NWK 有效载荷部分包含的信息因帧类型的不同而不同，长度可变。**NWK** 帧结构见表 2-2。

表 2-2　NWK 帧结构

<table>
<tr><td>2B</td><td>2B</td><td>2B</td><td>1B</td><td>1B</td><td>可变长度</td></tr>
<tr><td rowspan="2">帧控制域</td><td>目的地址</td><td>源地址</td><td>半径域</td><td>序号</td><td rowspan="2">帧有效载荷</td></tr>
<tr><td colspan="4">路由域</td></tr>
<tr><td colspan="5">NWK 头</td><td>NWK 有效载荷</td></tr>
</table>

网络层定义了两种类型的设备：全功能设备（Full Function Device，FFD）和简化功能设备（Reduced Function Device，RFD）。FFD 作为网络的协调器，支持各种拓扑结构的网络的建立，也可以和任何设备进行通信；而 RFD 只能和 FFD 进行通信，功能和结构比较简单，可以有效地降低成本和功耗。

网络层支持的网络拓扑结构有 3 种：星形结构（Star）、树形结构（Cluster tree）和网状结构（Mesh），如图 2-7 所示。

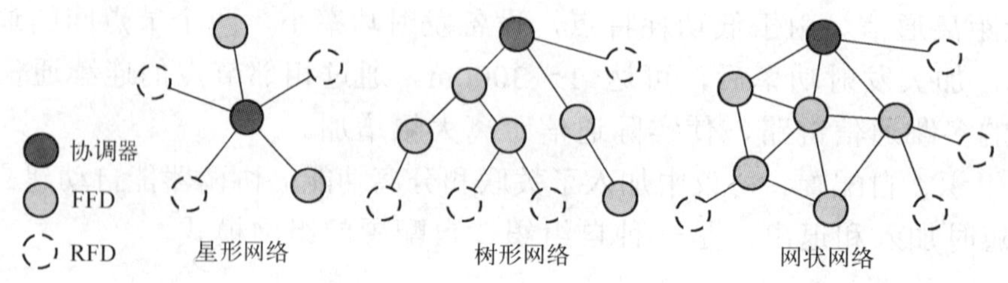

图 2-7　ZigBee 网络拓扑结构

1）星形网络为主从结构，由单个网络协调器和多个终端设备组成，网络的协调者必须是 FFD，由它负责管理和维护网络。

2）树形网络可以看成是扩展的单个星形网或者相当于互联的多个星形网络。

3）网状网络中的每一个 FFD 还可以作为路由器，根据网络路由协议来优化最短和最可靠的路径。

2.4.6　应用层规范

应用层包括应用支持子层（APS）、应用框架（AF）、ZigBee 设备对象（ZDO）。除了提供一些必要的函数以及服务接口外，应用层的另一个重要功能就是可以根据具体应用的需要在此层基础上开发用户自己的应用对象。

APS 提供了网络层和应用层之间的接口，通过数据服务和管理服务把两者连接起来。APS 的作用是维护设备绑定表，在绑定的设备间传输信息，同时能发现在工作范围内操作的其他设备。

每个 APS 帧（APDU）包括两个基本部分：APS 帧头和 APS 有效载荷。帧头由帧控制信息和地址信息组成；有效载荷是与帧相关的有效信息，长度可变。APS 帧结构见表 2-3。

表 2-3　APS 帧结构

<table>
<tr><td>1B</td><td>0/1B</td><td>0/1B</td><td>0/2B</td><td>0/1B</td><td>可变长度</td></tr>
<tr><td rowspan="2">帧控制域</td><td>目的端点</td><td>簇标识</td><td>配置文件标识</td><td>源端点</td><td rowspan="2">帧有效载荷</td></tr>
<tr><td colspan="4">地址域</td></tr>
<tr><td colspan="5">APS 帧头</td><td>APS 有效载荷</td></tr>
</table>

ZDO 的作用是定义网络内其他设备的角色、发起或回应绑定请求、在网络设备间建立安全机制等。ZigBee 定义了以下 3 种类型的 ZOD 设备。

1）网络协调者：全功能设备，扫描搜索，以未使用的信道建立新网络，分配网络位置。

2）路由器：全功能设备，允许其他设备连接，负责转送信息包，同时负责找寻、建立和修复信息包的路由路径。

3）终端设备：精简功能设备，不具备路由功能，只能选择加入已经形成的网络，可以收发信息，但不能转发信息。

AF 是应用对象和 ZigBee 设备连接的环境，应用对象处于应用层的顶部，由设备制造商所决定，每个应用对象通过相应的端点寻址，最多可定义从 1～240 个不同的端口号，端口 241～254 保留以作将来的应用，端口 0 是当前对象的数据接口，端口 255 是向整个网络所有应用对象的广播数据接口。

2.5　拓扑控制

在无线传感器网络中，节点的部署可能很密集，如果节点采用比较大的发射功率进行数据的收发，会带来很多问题。首先，高发射功率需要消耗大量的能量，在一定的区域内，众多邻近节点的接入对 MAC 层来说是很大的一个负担，很可能使得每个节点的可用信道资源降低。其次，当节点失效或者移动时，过多的连接会导致网络拓扑的巨大改变，这会严重影响路由层的工作。为了解决上述问题，采用拓扑控制技术，限定给定节点的邻近节点数目。良好的拓扑结构能够有效提高路由协议和 MAC 协议的效率，为网络的多方面工作提供有效支持。

2.5.1　拓扑控制概述

拓扑控制研究的问题是：在保证一定的网络连通质量和覆盖质量的前提下，一般以延长网络的生命期为主要目标，通过功率控制和骨干网节点选择，剔除节点之间不必要的通信链路，兼顾通信干扰、网络延迟、负载均衡、简单性、可靠性、可扩展性等其他性能，形成一个数据转发的优化网络拓扑结构。无线传感器网络用来感知客观物理世界，获取物理世界的信息。客观世界的物理量多种多样，不同的传感器网络应用关心不同的物理量，不同的应用背景对传感器网络的要求不同，其硬件平台、软件系统和网络协议必然会有很大差别。下面介绍拓扑控制中一般要考虑的设计目标。

（1）覆盖

覆盖是对无线传感器网络服务质量的度量，即在保证一定的服务质量条件下，使得网络覆盖范围最大化，提供可靠的区域监测和目标跟踪服务。根据传感器节点是否具有移动能力，无线传感器网络覆盖可分为静态网络覆盖和动态网络覆盖两种形式。

（2）连通

传感器网络一般是大规模的，所以传感器节点感知到的数据一般要以多跳的方式传送到汇聚节点。这就要求拓扑控制必须保证网络的连通性。拓扑控制一般要保证网络是连通的。有些应用可能要求网络配置要达到指定的连通度。有时也讨论渐近意义下的连通，即当部署的区域趋于无穷大时，网络连通的可能性趋于1。

（3）网络生命期

一般将网络生命期定义为直到死亡节点的百分比低于某个阈值时的持续时间，也可以通过对网络的服务质量的度量来定义网络的生命期。网络只有在满足一定的覆盖质量、连通质量、某个或某些其他服务质量时才是存活的。最大限度地延长网络的生命期是一个十分复杂的问题，它一直是拓扑控制研究的主要目标。

（4）吞吐能力

设目标区域是一个凸区域，每个节点的吞吐率为λ bit/s，在理想情况下，有下面的关系式：

$$\lambda \leqslant \frac{16AW}{\pi \Delta^2 L} \cdot \frac{1}{nr} \tag{2-3}$$

其中，A是目标区域的面积，W是节点的最高传输数量，π是圆周率，Δ是大于0的常数，L是源节点到目的节点的平均距离，n是节点数，r是理想球状无线电发射模型的发射半径。由上式可知，通过功率控制减小发射半径和通过睡眠调度减小工作网络的规模，可以在节省能量的同时，在一定程度上提高网络的吞吐能力。

（5）干扰和竞争

减小通信干扰、减少MAC层的竞争和延长网络的生命期基本上是一致的。对于功率控制，网络无线信道竞争区域的大小与节点的发射半径r成正比，所以减小r就可以减少竞争；对于睡眠调度，可以使尽可能多的节点处于睡眠状态，减小干扰和减少竞争。

（6）网络延迟

功率控制和网络延迟之间的大致关系：当网络负载较低时，高发射功率减少了源节点到目的节点的跳数，所以降低了端到端的延迟；当网络负载较高时，节点对信道的竞争是激烈的，低发射功率由于缓解了竞争而减小了网络延迟。

（7）拓扑性质

对于网络拓扑的优劣，很难给出定量的度量。除了覆盖性、连通性之外，对称

性、平面性、稀疏性、节点度的有界性、有限伸展性等都是希望网络具有的性质。除此之外，拓扑控制还要考虑负载均衡、简单性、可靠性、可扩展性等其他方面的性质。

在无线传感器网络中，拓扑控制的目的在于实现网络的连通（实时连通或者机会连通），同时保证信息高效、可靠的传输。目前，主要的拓扑控制技术分为时间控制、空间控制和逻辑控制 3 种。

1）时间控制。通过控制每个节点睡眠、工作的占空比、节点间睡眠起始时间的调度，让节点交替工作，网络拓扑在有限的拓扑结构间切换。

2）空间控制。通过控制节点发送功率改变节点的连通区域，使网络呈现不同的连通形态，从而获得控制能耗、提高网络容量的效果。

3）逻辑控制。通过邻居表将不“理想的”节点排除在外，从而形成更稳固、可靠和强健的拓扑。

2.5.2　功率控制技术

功率控制是指节点通过动态地调制自身的发射功率来调制其邻居节点集，减少不必要的连接，在保证网络的连通性、双向连通和多连通的基础上，使得网络能耗最小，进而延长网络的寿命。

（1）最优邻节点集

通过调整节点的邻居节点集可优化网络能耗，延长网络寿命。最直接的方法就是每个节点只与离它最近的 K 个邻节点通信，在保证网络吞吐量和连通性的前提下，确定一个不依赖于实际网络的 K 值，这样的常数 K 称为魔数。20 世纪 70 年代以来，不少文献都试图证明这样一个数字的存在。其中，最著名的是 Kleinrock 和 Silvester 的论文。他们研究了节点均匀分布在一个正方形内的问题，并假设使用 ALOHA MAC 协议，几个数据分组同时发出，尝试使数据分组传送到目的节点的每一跳的距离最大。他们提出当 $K=6$ 时，确实可以使每一跳的前进距离最大。然而，这篇文献提到的优化仅局限于吞吐量，并没有说明连通性的问题。

（2）基于节点度的功率控制

一个节点的度数是指所有距离该节点一跳的邻居节点的数目。算法的核心思想是给定节点度的上限和下限需求，动态调整节点的发射功率，使得节点的度数落在上限和下限之间。算法利用局部信息来调整相邻节点间的连通性，从而保证整个网络的连通性，同时保证节点间的链路具有一定的冗余性和可扩展性。本地平均算法（Local Mean Algorithm, LMA）和本地邻居平均算法（Local Mean of Neighbors Algorithm, LMN）是两种周期性动态调整节点发射功率的算法，它们之间的区别在于计算节点度的策略不同。

（3）基于方向的功率控制

微软亚洲研究院的 Wattenhofer 和康奈尔大学的 Li 等人提出了一种能够保证网络连通性的基于方向的功率控制算法。其基本思想是：节点 u 选择最小功率 $P_{u,p}$，使得在任何以 u 为中心且角度为 ρ 的锥形区域内至少有一个邻居。当 $\rho \leqslant 5\pi/6$ 时，可以保证网络的连通性。麻省理工学院的 Bahramgiri 等人又将其推广到三维空间，提出了容错的功率控制算法。基于方向的功率控制算法需要可靠的方向信息，即节点需要配备多个有向天线，因此对传感器节点提出了较高的要求。

2.5.3 层次型拓扑结构控制

层次型的拓扑把网络中的节点分为两类：骨干节点和普通节点。一般来说，普通节点把数据发送给骨干节点，骨干节点负责协调其区域内的普通节点的通信和进行数据融合等工作。骨干节点的能量消耗相对较大，因而需要经常更换骨干节点。分层型算法又称为分簇算法，网络由若干簇组成，一个簇是一个节点集，包含了簇头和簇内节点，簇头管辖一个簇的工作。

层次型拓扑结构具有很多优点。例如，由簇头节点担负数据融合的任务，减少了数据通信量；有利于分布式算法的应用，适合大规模部署的网络；由于大部分节点在相当长的时间内关闭了通信模块，所以显著地延长了整个网络的生存时间等。

1. LEACH 算法

LEACH（Low Energy Adaptive Clustering hierarchy）算法是一种经典的基于簇的自适应分簇拓扑算法，这是第一个提出数据融合的层次算法。为平衡网络各个节点的能耗，簇头是周期性按轮随机选举的。LEACH 协议定义了“轮”的概念，每轮循环分为簇的建立阶段和稳定的数据通信阶段。在簇的建立阶段，相邻节点动态地形成簇，随机产生簇头；在数据通信阶段，簇内节点把数据发送给簇头，簇头进行数据融合并把结果发送给汇聚节点。由于簇头需要完成数据融合、与汇聚节点通信等工作，所以能量消耗大。LEACH 算法能够保证各节点等概率地担任簇头，使得网络中的节点相对均衡地消耗能量。簇头选举算法如下：

1）节点产生一个 0～1 的随机数，如果这个数小于阈值 $T(n)$，则该节点成为簇头。

$$T(n)=\begin{cases}\dfrac{p}{1-p(r\bmod(1/p))}, n\in G\\ 0,\text{else}\end{cases} \tag{2-4}$$

其中，p 为网络中簇头数与总节点数的百分比，r 为当前的选举轮数，$r\bmod(1/p)$ 表示这一轮循环中当选过簇头的节点个数，G 是最近 $1/p$ 轮未当选过簇头的节点集合。

2）选定簇头后，通过广播告知整个网络。网络中的其他节点根据接收信息的信号强度决定从属的簇，并通知相应的簇头节点，完成簇的建立。最后簇头节点采用 TDMA 方式为簇中每个节点分配向其传送数据的时间片。

3）稳定阶段，传感器节点将采集的数据传送到簇头，簇头对数据进行融合后再传送至基站。稳定阶段持续一段时间后，网络重新进入簇的建立阶段，进行下一轮的簇头选举。

在 LEACH 算法中，节点等概率承担簇头角色，较好地体现了负载均衡思想，减小了能耗，提高了网络的生存时间。但是由于簇头位置具有较强的随机性，簇头分布不均匀，致使骨干网的形成无法得以保障，不适合大范围的应用；簇头同时承担数据融合、数据发送的“双重”任务，因此能量消耗很快。频繁的簇头选举引发的通信增加了能量消耗。

2. 基于能量有效的分簇控制

针对 LEACH 算法中节点规模小，簇头选举没考虑节点的地理位置等不完善的地方，在 LEACH 算法的基础上，有学者提出了 LEACH 的改进算法 HEED（Hybrid Energy-Efficient Distributed clustering），有效改善了 LEACH 算法中簇头可能分布不均匀的问题。以簇内平均可达能量作为衡量簇内通信成本的标准，节点用不同的初始概率发送竞争消息，节点的初始化概率 CH_{prob} 根据式（2-5）确定：

$$CH_{\text{prob}} = \max(C_{\text{prob}} + E_{\text{resident}} / E_{\max}, P_{\min}) \tag{2-5}$$

式中，C_{prob} 和 $P_{\min}$ 是整个网络统一的参量，它们影响到算法的收敛速度。簇头竞选成功后，其他节点根据在竞争阶段收集到的信息选择加入哪个簇。HEED 算法在簇头选择标准以及簇头竞争机制上与 LEACH 算法不同，成簇的速度有一定的改进，特别是考虑到成簇后簇内的通信开销，把节点剩余能量作为一个参量引入算法中，使得选择的簇头更适合担当数据转发的任务，形成的网络拓扑更趋合理，全网的能量消耗更均匀。

HEED 综合考虑了生存时间、可扩展性和负载均衡，对节点分布和能量也没有特殊要求。虽然 HEED 执行并不依赖于同步，但是不同步却会严重影响分簇的质量。

3. 基于地理位置的分簇控制

GAF（Geographical Adaptive Fidelity）算法是基于节点地理位置的分簇算法。该算法首先把部署区域划分成若干虚拟单元格，将节点按照地理位置划入相应的单元格，然后在每个单元格中定期地选举一个簇头节点。在 GAF 算法中，每个节点可以处于 3 种不同状态：休眠、发现和活动状态。状态间的转换过程如图 2-8 所示。

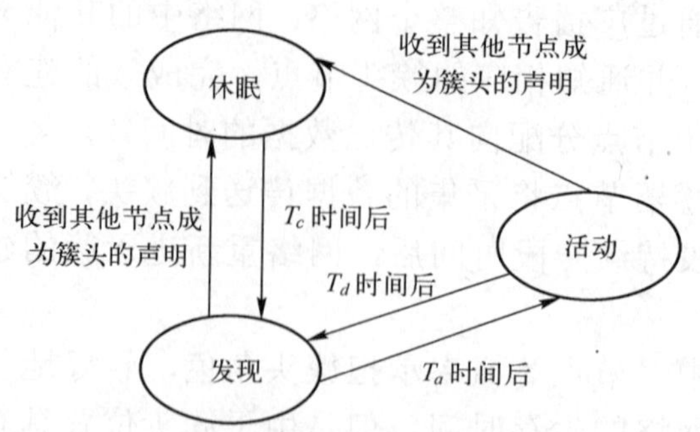

图 2-8　GAF 算法节点状态转换图

初始状态下，所有节点处于发现状态。此时节点交换 Discovery 消息来获得同一虚拟单元格中其他节点的信息。

当节点进入发现状态时，每个节点设置一个定时器 D，一旦定时器 D 超时 T_d，节点广播 Discovery 消息，同时转换到活动状态。如果在计时器超时之前节点收到其他节点成为簇头的声明，则取消计时器，进入休眠状态。

当节点进入活动状态时，每个节点设置一个计时器 A，表示节点处于活动状态的时间。一旦计时器 A 超时 T_a，节点转换到发现状态。在节点处于活动状态期间，以时间间隔 T_d 重复广播 Discovery 消息，以便压制其他处于发现状态的节点进入活动状态。

GAF 算法基于平面模型，以节点间的距离来度量是否能够通信，而在实际应用中距离邻近的节点可能因为各种因素不能直接通信。此外，该算法也没有考虑节点能耗均衡的问题。

2.6　路由协议

路由协议的目的是将消息分组从源节点（传感器节点）发送到目的节点（汇聚节点），因此需要完成两大功能：一是选择适合的优化路径，二是沿着选定的路径正确转发数据。尽管传统的无线局域网或者移动 Ad hoc 网络基于提高服务质量和公平性提出了很多路由协议，但这些协议的主要任务不是考虑网络的能量消耗，而是追求使端到端的延迟最小、网络利用率最高以及避免通信拥塞和均衡网络流量的最优路径。而无线传感器网络节点的能量有限，且考虑到网络节点数目通常很大，节点只能通过获取局部拓扑信息来构建路由，以及无线传感器网络本身具有较强的应用相关性，因此不仅传统无线网络路由协议不再适合，而且也很难设计一个适合的无线传感器网络的通用路由协议。

2.6.1　路由协议概述

路由协议主要负责路由选择和数据转发。路由选择是指寻找一条符合一定条件的路径作为从源节点到目的节点的传输路径。数据转发是指将数据分组沿着选择的传输路径进行转发。

在起初的研究中，人们借鉴传统的无线网络中路由协议的思想，运用成熟的Internet技术和Ad hoc路由机制设计无线传感器网络的路由协议，但结果显示传统无线网络与无线传感器网络有着明显不同的技术要求。例如，传统无线网络中通常是有源供电不用担心能量耗尽，无线传感器网络中的节点是能量有限并且没有补充，如果大量节点因能量耗尽而无法正常工作将导致整个无线传感器网络瘫痪。另外，无线传感器网络还具有拓扑结构变化频繁、节点计算存储能力有限等特点。因此，设计符合无线传感器网络自身特点的路由协议必须考虑以下问题。

1）低功耗：传感器节点一般采用电池供电，通常部署在恶劣环境下很难更换电池。

2）可靠性：传感器节点之间通过无线信道传输数据容易出错，必须提供可靠的差错控制和校正机制来确保数据在交付时正确无误。

3）自组织性：传感器节点在部署后自动组织成网络，当发生故障的节点需要退出或补充新的节点时，网络也能适应拓扑结构变化正常运行。

4）信道利用率：无线传感器网络带宽资源有限，应该有效地利用带宽，提高信道利用率。

5）容错性。传感器节点由于无人操作和部署环境的恶劣容易发生故障，所以无线传感器网络应该具有一定的容错能力，允许节点进行自我测试和自我修复。

6）安全性：无线的传输环境很容易被恶意攻击，无人看管的节点很容易被窃取数据，所以无线传感器网络应该提供有效的安全机制确保信息安全。

7）QoS保障：在无线传感器网络中，针对不同的应用需求往往要提供不同的服务质量。

由于无线传感器网络路由协议是面向应用的，因此对于不同的网络应用环境，研究者提出了大量的路由协议。下面对路由协议进行分类整理：

1）根据拓扑结构，路由协议可分为平面路由协议和分簇路由协议。平面路由协议一般节点对等、功能相同、结构简单、维护容易，但是它仅适合规模小的网络，不能对网络资源进行优化管理。而分簇协议中节点功能不同，各司其职，网络的扩展性好，适合较大规模的网络。

2）根据路径的多少，路由协议可分为单路径路由协议和多路径路由协议。单路径路由协议是将数据沿一条路径传递，数据通道少、消耗低，容易造成丢包且错误率高。多路径路由协议是将单个数据分成若干组，沿多条路径进行传递，即便有一条路径报废，数据也会经由其他路径传递，可靠性较好，但重复率高、能量消耗大，适合对传输可靠性要求较高且初始能量高的应用场合。

3）根据通信模式，路由协议可分为时钟驱动型、事件驱动型和查询驱动型。时钟驱动型是传感器节点周期性地主动地把采集到的数据信息报告给汇聚节点，如环境监测类的无线传感器网络。事件驱动型是传感器节点感应到数据后进行判断，若超过事先设定的阈值，则认为触发了某种事件，需要立即传送数据给汇聚节点，如用于预警的无线传感器网络。在查询驱动型路由协议中，仅当传感器节点收到用户感兴趣的查询时，传感器节点才往汇聚节点发送数据。

4）根据目的节点的个数，路由协议可分为单播路由协议和多播路由协议。单播路由协议只有一个发送方和一个目的节点。多播路由有多个目的节点，节点采集到的数据信息并行地以多播树方式进行传播，在树的分叉处复制和转发数据包。多播路由协议里数据包发送次数变少，网络带宽的使用效率提高。

5）根据是否进行数据融合，路由协议可分为融合路由协议和非融合路由协议。如果在数据传输过程中，根据预先制定的规则对多个数据包的相关信息进行合并和压缩，就属于数据融合路由协议，这类协议降低了数据冗余度，减少了网络通信量，节省了能量消耗，但是相应地增加了传输的时延。非融合路由协议在传递过程中，不做任何处理，传递量大，消耗能量大，甚至引起“拥堵”。

2.6.2 平面路由协议

（1）Flooding（泛洪）路由协议和 Gossiping（闲聊）路由协议

泛洪路由协议是一种传统的网络路由协议，网络中各节点不需要掌握网络拓扑结构和计算的路由算法。节点接收感应消息后，以广播的形式向所有邻居节点转发消息，直到数据包到达目的节点或预先设定的生命期限变为零为止。泛洪路由协议实现起来简单、健壮性高，而且时延短、路径容错能力高，可以作为衡量标准去评价其他路由算法，但是该协议很容易出现消息“内爆”、盲目使用资源和消息重叠的情况，消息传输量大，加之能量浪费严重，泛洪路由协议很少直接使用。

闲聊路由协议是对泛洪路由协议的改进，节点在收到感应数据后不是采用广播形式而是随机选择一个节点进行转发，这样就避免了消息的内爆，但是随机选取节点会造成路径质量的良莠不齐，增加了数据传输时延，并且无法解决资源盲目利用和消息重叠的问题。

（2）SPIN 路由协议（Sensor Protocol for Information via Negotiation）

SPIN 路由协议是第一个以数据为中心的自适应路由协议，针对泛洪算法中的“内爆”和“重叠”问题，它通过协商机制来解决。传感器节点监控各自能量的变化，若能量处于低水平状态，则必须中断操作转而充当路由器的角色，所以在一定程度上避免了资源的盲目使用。但在传输新数据的过程中，没有考虑到邻居节点由于自

身能量的限制，只直接向邻近节点广播 ADV 数据包[㊀]，不转发任何新数据。如果新数据无法传输，就会出现“数据盲点”，影响整个网络数据包信息的收集。

（3）DD 定向扩展路由协议（Directed Diffusion）

DD 路由协议多用于查询的扩散路由协议，与其他路由协议相比，其最大特点就是引入梯度的理念，表明网络节点在该方向的深入搜索，来获得匹配数据的概率。它以数据为中心，生成的数据常用一组属性值来为其命名。兴趣扩散、初始梯度场建立和数据传输组成了 DD 路由协议的 3 个阶段：

1）兴趣扩散阶段。汇聚节点下达查询命令多采用泛洪方式，传感器节点在接收到查询命令后对查询消息进行缓存并执行局部数据的融合。

2）初始梯度场建立。随着兴趣查询消息遍布全网，梯度场就在传感器节点和汇聚节点间建立起来，于是多条通往汇聚节点的路径也相应形成。

3）数据传输阶段。通过加强机制发送路径加强消息给最新发来数据的邻居节点，并且给这条加强信息赋予一个值，最终梯度值最高的路径为数据传输的最佳路径。

DD 路由协议多采用多路径，健壮性好；节点只需与邻居节点进行数据通信，从而避免保存全网的信息；节点不需要维护网络的拓扑结构，数据的发送是基于需求的，这样就节省了部分能量。DD 路由协议的不足是建立梯度时花销大，多 Sink 的网络一般不建议使用。

2.6.3　分簇路由协议

1. LEACH 协议

LEACH 协议的基本原理见 2.5.3 节所述。

簇头选出后，就要向全网广播当选成功的消息，其他节点根据接收到信号的强度来选择它要加入哪个簇并递交入簇申请，信号强度越强表明离簇头越近。当完成簇成型后，簇头根据簇成员的数量的多少，需要发送给本簇内的所有成员一份 TDMA 时间调度表。簇成员在数据采集时就根据事先设置的 TDMA 时间表进行操作、采集信息，并上传给簇头。簇头将接收到数据进行数据融合后直接传向汇聚节点。在数据采集达到规定时间或次数后，网络开始新一轮的工作周期，簇头依然根据上述步骤进行再一次的选举。

该协议实现起来简单，由于利用了数据融合技术，在一定程度上减少了通信流量，节省了能量；随机选举簇头，平均分担路由任务量，减少了能耗，延长了系统的寿命。同时，LEACH 路由协议也存在不可忽视的缺点，如由于簇头选举是随机地依据本地信息自行来决定，避免不了出现位置随机、分布不均的情况；每轮簇头

㊀ ADV：用于新数据传播前的广播，即当一个节点要发送一个数据前，它可以用 ADV 数据包（包括元数据）告知其他节点。

的数量和不同簇中节点数量不同，导致网络整体负载的不均衡；多次分簇带来了额外开销以及覆盖问题；簇头选取时没有考虑节点的剩余能量，有可能导致剩余能量很少的节点随机当选成为簇头。如果汇聚节点位置与目标区域有较大的距离，且功率足够大，则通过单跳通信传送数据会造成大量的能量消耗，所以单跳通信模式下的 LEACH 协议比较适合于小规模网络。另外，该协议在单位时间内一般发送数量基本固定的数据，不适合突发性类的通信场合。

2. TEEN 路由协议

TEEN 是第一个事件驱动的响应型聚类路由协议。根据簇头与汇聚节点间距离的远近来搭建一个层次结构。TEEN 中有两个重要参数：硬阈值和软阈值。

硬阈值设置一个检测值，只有传送的数据值大于硬阈值条件时，节点才允许向汇聚节点上传数据。而软阈值设置一个检测值的变化量值，规定只有当传送数据的改变量大于设定的软阈值时，才同意再次向汇聚节点上传数据，这两个阈值决定了节点何时能够发送数据。

TEEN 路由协议的工作原理如下：当首次发送的数据值大于硬阈值时，下一级节点向上一级节点报告，并将数值保存起来；此后当发送数据值大于硬阈值且变化量大于软阈值时，低一级节点才会再次向上一级节点报告数据。TEEN 路由协议如图 2-9 所示。

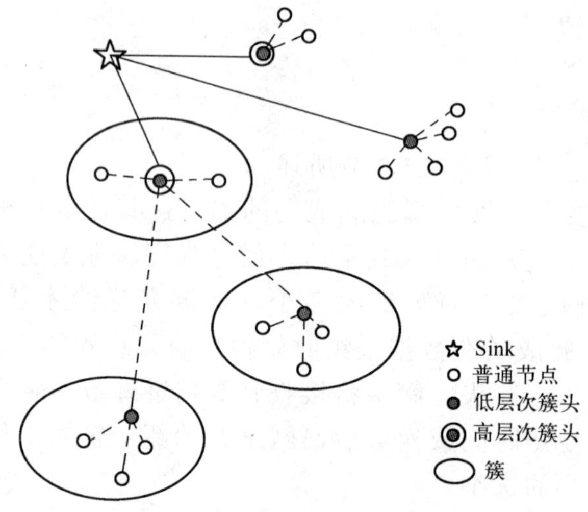

图 2-9　TEEN 路由协议图

TEEN 路由协议的优点是由于软、硬阈值的存在，具有了过滤功能，精简数据传输量，数据传输量比主动网路少，节省了大量的能量，适合于响应型应用。层次型的簇头结构无须所有节点具有大功率通信能力，更适合无线传感器网络的特点。

TEEN 路由协议的缺点是多层次簇的构建非常复杂。如果某个节点的检测数据达不到硬门限，那么用户将无法获知这个感应数据，也无法判断这个节点是否失效，因此这个方法在周期性采样的网络中要谨慎使用。如果每个节点都需要较高的通信功率与汇聚节点通信，就仅适合小规模的系统。

3. TTDD（Two-tier Data Dissemination）路由协议

TTDD 路由协议是一种主要针对网络中存在的多 Sink 和 Sink 移动问题的，是基于网格的层次路由协议。

TTDD 协议包括 3 个阶段：构建网格阶段、发送查询数据阶段和传输数据阶段。其中构建网格阶段是 TTDD 协议的第一步，也是最关键、最核心的一步。协议中的节点都清楚自身所处的位置，当得到有事件发生信号时，就近选择一个节点作为源节点，源节点将自身所处位置作为网格状的一个交叉点，基于此点，先计算出相邻交叉点的位置，利用贪婪算法计算出距离该位置最近的节点，最近节点就成为新交叉点，以此铺展开构建成为一个网格状。

事件信息和源节点信息被保存在网格的各个交叉点。数据查询时，汇集节点在所达范围内，依次找出最近的交叉点，经由交叉点传播数据直至源节点，源节点收到查询命令后，将数据沿最短路径传向汇聚节点。有时，在等待数据回传时，汇聚节点可以采用 Agent 代理机制保持移动，以保证数据可靠地进行传输。

TTDD 路由协议采用的是单路径，可以延长网络的生命周期；采用代理机制很好地解决了汇聚节点的移动性问题。但是在 TTDD 路由协议中，节点必须知道自身位置的所在，要求节点密度比较高，计算与维护网格的开销成本较大，网格构建、查询请求和数据传递过程都会造成传输的延迟，所以这种协议在目标高速移动和高实时性需求的场合应慎用。

2.6.4 其他路由协议

SAR 路由协议是第一个在无线传感器网络中保证 QoS 的主动路由协议。

Ye W 等人提出的以跳数或能耗作为代价参数的最小代价路由协议以实现最小化代价为目的，一般采用退避原则进行代价发布。

Schurgers 等人提出了梯度因素的路由协议是 DD 路由协议的一个变种，在新区消息分发过程中记录了路径的跳数，从而可得到达汇聚节点的最短路由。

GEAR（Geographical and Energy-Aware Routing）是基于位置的一种路由协议，通过跟踪传感器节点剩余能量的情况来动态地调制、优化路由，使能量得以有效利用。

SPEED 是一种主要是为了拥塞控制和软实时提供保证的位置路由协议。

2.7 覆盖技术

网络覆盖是无线传感器网络研究中的基本问题，是指通过网络中传感器节点的空间位置分布，实现对被监测区域或目标对象物理信息的感知，从根本上反映了网络对物理世界的感知能力。网络中节点的感知能力有限，往往需要多节点的合作才能完成对物理世界的信息采集。节点的感知模型和节点空间位置分布是网络覆盖的基本元素，直接影响着网络的感知质量。单个节点的感知模型是传感器感知函数的服务质量的量度。同样，网络覆盖问题可以认为是基于传感器节点空间位置分布的网络服务质量的集成量度。

2.7.1 覆盖的评价标准

一个覆盖策略及算法的可用性与有效性主要是靠无线传感器网络覆盖技术的性能评价的，有以下几个方面。

1）覆盖能力：网络覆盖范围的检测区域或目标点的覆盖程度是评价无线传感器网络覆盖算法的好坏首先要考虑的方面。

2）网络的连通性：无线传感器网络以数据为中心并协同大量传感器节点工作，用单跳或多跳的方式将环境信息数据及时有效地传送至终端平台，所以算法必须保证传送信道的安全性和稳定性。无线传感器网络感知、监测、通信等各种服务质量的提高和有效地保证无线多跳通信的完成，受网络的连通性能的影响。

3）能量有效性：网络使用寿命和网络的持续时间是主要的两方面内容。网络中对整体和个体节点的动力的优化是十分重要的。大部分情况下，节点必须保证持续工作不能间断，这也就意味着一旦节点进入工作，除非坏掉或失去动力，节点是不能被替换的，所以怎样让节点在完成工作任务的情况下，消耗最小的动力是重中之重。可以从节点工作状态、动力需求、降低数据的传递次数来满足上述问题，这样整个网络就可以获得最大的效率。

4）算法精确性：无线传感器网络的覆盖在很多情况下是一个NP难问题，从建立网络的具体环境不同、网络资源的限制和所覆盖地区差异等多种因素考虑，想要达到完全优化覆盖是不可能的，只能向这个目标接近。如何降低差异性、提升算法的准确度是改进覆盖算法的关键问题。

5）算法复杂性：是衡量算法优劣的一个重要指标。无线传感器网络中资源、节点的动力、传递信息和计算保存能力都有限。资源是有限的，那么算法中就必须将资源问题包含进去。简便、复杂度低、运算量少的算法能弥补有限的资源带来的困难，将资源发挥到最大效率。算法复杂度包括时间、空间和实现，是评价算法是否改进的关键指标。

6）网络动态性：特殊的使用条件中，必须操控的网络协议和算法的覆盖面，考虑网络节点的移动，网络作为一个整体或检测目标移动的非静态特征。

7）网络可扩展性：覆盖算法设计的可扩展性是在一个大型网络应用中应用的条件。网络规模的增加可能导致网络整体性能明显减少。无线传感器网络在不同的环境和需求下，拥有不同的搭建方式，使用算法时其可适应不同需求的能力尤为重要。

2.7.2　覆盖的分类

网络覆盖在无线传感器网络设计中与网络连接同样重要，两者均是网络运行必须解决的基本问题。无线传感器网络覆盖问题的分类依据是节点的具体设置和网络具体的情况要求。

（1）按配置方式分类

1）确定性覆盖：是一种能够再次分为确定性区域或点覆盖、在网格的基础上的目标覆盖和确定性网络路径或目标覆盖的特殊的网络或路径规划问题。如果事先知道无线传感器将要布置在什么样的情况下或者无线传感器的状态是不可变更的，那么可以事先考虑各项因素，而有组织、有结构地布置节点的位置、密度来获得最大效能。

2）随机覆盖：如果环境不理想或不可知，那么对目标区域网络的搭建只能采用随机覆盖，用飞行器或火箭弹等方式将节点投放到目标区域。随机节点覆盖和动态网络覆盖都可以满足上述问题。前者侧重于对未知情况下的节点部署，后者则强调可移动、可转换、可适应不同要求下的工作。

（2）按应用属性分类

1）节能覆盖：传感器网络研究的一个重要方向就是如何减少网络节点的能量消耗以最大化网络的生存周期。目前实现的主要方法是采用节点休眠机制来调度节点的活跃/休眠间隔时间。

2）栅栏覆盖：分为最坏与最佳情况覆盖和暴露穿越。栅栏覆盖一般是从安全方面来考虑的。最坏与最佳情况覆盖问题中，前者是指即使经过了所有节点，传感器节点也没有捕捉到的概率的最低值，后者是指经过了所有节点，所有节点都捕捉到的概率的最高值。暴露穿越更适合真实情况，运动目标由于在网络中的时间加大，所以被传感器捕捉到的机会也就相应变大。

3）连通性覆盖：网络连通是指网络内其所有节点都是可以互相传递信息的，通信过程可通过中间节点作为中介，是无线传感器网络的另一个重要研究问题。只有将节点连接起来，无线传感器网络才能实现数据的传输，才能真正实现无线传感器网络的功能。

4）目标定位覆盖：判断哪些节点覆盖目标可以检测到目标的位置。

2.7.3 覆盖算法

1. 基于冗余节点判断的覆盖控制算法

人们在进行覆盖时撒播的节点既便宜又小，如果一些区域撒播的较多，一些区域撒播的较少，就会造成节点分布不均衡。在收集信息数据时，撒播较多的区域上传的信息重复性高，未撒播到的区域根本没有信息上传，这被称为“覆盖冗余”。大量的无用消息给节点造成负担，节点无论是在动力上还是在效率上都因此降低。所以，人们有规律地将一些节点人为地设置在非工作状态，可以有效避免动力和效率上的损耗。

针对上述问题，Node Self-Scheduling 覆盖控制协议可以有效地、有规律地、完整地来控制节点的工作状态。该协议属于确定性区域或点覆盖和节能覆盖类型，并规定节点只有活跃和休眠两种状态。其工作原理是，节点之间轮流工作、休眠，并以此形成周期性运转，每个周期内各包括一个休眠和一个工作状态。当节点要切换工作状态时，会将自身的信息告诉给周边各节点，以备周边各节点调度。同时，节点也可以根据周边节点返回的信息来判断具体情况，决定是否休眠或者继续工作。依此种方式搭建可以有效地增加网络的生存时间。

该算法不仅可以避免节点的浪费，而且避免了无效信息对网络造成的负担，节约动力。

2. 基于不交叉优势集的覆盖算法

该算法受节点随机部署的启发，强调将节点按集合分组，但是要保证集合与集合之间没有重叠，各集合只负责自己的工作，每次工作的只是同一集合的节点。因此，这种算法实际上就是找到最大数量的不交叉优势集合（MDDS）。

在图着色的策略的基础上可化解上面的题目：第一步对全部节点按次序进行着色，第二步评判有一样颜色的节点集合是不是为不交叉优势集，若不是，则将这个集合中的节点放到优势集合中，直到过程终止。

该算法虽然能够增加网络的生存时间，但是受这种集合组织的影响，一旦某个集合中有一个节点出现故障，那么整个集合都会因为这个故障而无法继续工作。

3. 基于多重 *k* 覆盖算法

该算法认为网络覆盖的情况是有级别区分的。覆盖的级别越高说明该网络性能越好，这种性能体现在精度、容错力和健壮性上。因此其规定，如果区域内的每个点都在 K 个传感器的控制下，那么就认为这个网络具有等级为 K 的网络覆盖。

4. 基于采样点覆盖算法

在该算法中，网格点替换目标区域，全部区域覆盖可相当于点覆盖，从而把区域覆盖问题变成为集合覆盖问题。

集合覆盖作为典型的 NP 难问题，使用了依次求出含有未覆盖区域采样点最大的节点来求解近似最小工作节点集（贪婪算法）。使用网格作为目标区域的近似，采样点的数量与目标区域的大小以及网格面积有联系。网格面积与覆盖精度高度相关，网格面积越大，则采样点的个数越小，对应的预处理时间越短，网络覆盖性能越差。

为了保证网络的可靠性，必须保证节点可以监测到所有目标。所以在使用上述方法时，网格就不能过大甚至要足够小。

本章习题

1. 简述物理层的定义。
2. ZigBee 技术的特点是什么？
3. 功率控制技术主要有哪些？简述其原理。
4. 简述覆盖技术的主要评价标准。

第3章 管理技术

无线传感器网络中，大量传感节点分布在大范围地理区域，实时地监测、感知和采集网络分布区域内的各种环境或监测对象的数据。作为非传统的复杂任务型网络，传感器网络的单个节点资源匮乏，网络数据感知、处理与传输均需要通过特定的协同机制完成。传感器网络的管理技术是保障无线传感器网络规模化运行的关键。

传感器网络管理技术包括时间同步技术、定位技术、数据管理技术和目标跟踪技术等。传感器节点都有自己的内部时钟，由于不同节点的晶体振荡频率存在偏差，节点时间会出现偏差，因此节点之间必须频繁进行本地时钟的信息交互，保证网络节点在时间认识上的一致性，时间同步作为上层协同机制的主要支撑技术，在时间敏感型应用中尤为重要。

传感器节点不仅需要时间的信息，还需要空间的信息。网络中，节点需要认识自身位置——自定位技术，这是目标定位的前提条件。对于目标、事件的位置信息，传感器网络利用目标定位技术来确定其相应的位置信息。

无线传感器网络是以数据为中心的网络，由于其节点数量多、分布广，获得的数据量非常大，需要借助数据融合技术从大量的数据中提取用户需要的信息。网络中感知数据还需要统一管理，即数据管理技术。

目标跟踪是指为了维持对目标当前状态的估计，同时也是对传感器接收的量测进行处理的过程。目标跟踪处理过程中所关注的通常不是原始的观测数据，而是信号处理子系统或者检测子系统的输出信号，无论在军事还是民用领域都有着重要的应用价值。

3.1 时间同步技术

时间同步是无线传感器网络技术研究领域里的一个新热点。它是无线传感器网络应用的重要组成部分，很多无线传感器网络的应用都要求传感器节点的时钟保持同步。

在集中式管理的系统中，事件发生的顺序和时间都比较明确；但在分布式系统中，不同节点都具有自己的本地时钟，由于不同节点的晶体振荡器频率存在偏差，

以及受到温度变化和电磁干扰等，即使在某个时刻所有节点都达到时间同步，它们的时间也会逐渐出现偏差。在分布式系统的协同工作中，节点间的时间必须保持同步，因此时间同步机制是分布式系统中的一个关键机制。

在无线传感器网络的应用中，传感器节点将感知到的目标位置、时间等信息发送到传感器网络中的首领节点，首领节点在对不同传感器发送来的数据进行处理后便可获得目标的移动方向、速度等信息。为了能够正确地监测事件发生的次序，就必须要求传感器节点之间实现时间同步。在一些事件监测的应用中，事件自身的发生时间是相当重要的参数，这要求每个节点维持唯一的全局时间以实现整个网络的时间同步。

3.1.1 时间同步概述

无线传感器网络应用的多样化导致其对于时间同步的需求的多样化，但是传感器网络有自身的局限性，如能量有限、要求可扩展性、要求动态自适应性等，这些局限使得很难在传感器网络中实现时间同步，也使得传统的时间同步方案不适合无线传感器网络。Internet 上广泛使用的网络时间协议 NTP（Network Time Protocol）只适用于结构相对稳定、物理链路相对稳定的有线网络系统；全球定位系统（Global Position System，GPS）能够以纳秒级的精度与世界标准时间 UTC 保持同步，但需要配置固定的高成本接收机，同时在室内、森林或水下等有遮盖物的环境中无法使用。如果应用于军事目的，没有主控权的 GPS 系统也是不可依赖的。因此，它们都不适用于传感器网络。2002 年 8 月，J.Elson 和 K.Romer 在 HotNets-I 国际权威学术会议上首次提出和阐述了无线传感器网络中的时间同步的研究课题，引起了无线传感器网络研究领域的广泛关注。经过研究人员近几年的不懈努力，至今已经提出了多种时间同步算法。它们用不同的方法来解决无线传感器网络中节点的时间同步问题，支持不同的应用，同时在能量需求、基础设施和时空复杂度方面也各有不同。无线传感器网络时间同步这一研究领域尽管在国内外都有研究，但并不成熟，还处于初级阶段。

无线传感器网络的时间同步是指各个独立的节点通过不断与其他节点交换本地时钟信息，最终达到并且保持全局时间协调一致的过程，即以本地通信确保全局同步。无线传感器网络中，节点分布在整个感知区域中，每个节点都有自己的内部时钟（即本地时钟），由于不同节点的晶体振荡（晶振）频率存在偏差，再加上温度差异、电磁波干扰等，即使在某个时间所有的节点时钟一致，一段时间后它们的时间也会再度出现时钟不同步。针对时钟晶振偏移和漂移，以及传输和处理不确定时延的情况，本地时钟采取的关于时钟信息的编码、交换与处理方式都不同。

本地时钟同步问题与无线链路传输是无线网络根本的服务质量 QoS 要求。一方面，无线传输为本地时钟的同步提供了平台与保障；另一方面，本地时钟的同步反过来又能促进一系列信号处理及通信平台的应用开发。

传感器网络中节点造价不能太高，节点的微小体积不能安装除本地振荡器和无线通信模块外更多的用于同步的器件，因此价格和体积成为传感器网络时间同步的重要约束。传感器网络中多数节点是无人值守的，仅携带少量有限的能量，即使是进行侦听通信也会消耗能量，时间同步机制必须考虑消耗的能量。现有网络的时间同步机制往往关注于最小化同步误差来达到最大的同步精度，而较少考虑计算和通信的开销，由于传感器网络的特点，以及能量、价格和体积等方面的约束，使得 NTP、GPS 等现有的时间同步机制不适用于传感器网络，需要修改或重新设计时间同步机制来满足传感器网络的要求。

通常在无线传感器网络中，除了非常少量的传感器节点携带如 GPS 的硬件时间同步部件外，绝大多数传感器节点都需要根据时间同步机制交换同步消息，与网络中的其他传感器节点保持时间同步。在设计传感器网络的时间同步机制时，需要从以下几个方面进行考虑。

1）扩展性：在无线传感器网络应用中，网络部署的地理范围大小不同，网络内节点密度不同，时间同步机制要能够适应这种网络范围或节点密度的变化。

2）稳定性：无线传感器网络在保持连通性的同时，因环境影响以及节点本身的变化，网络拓扑结构将动态变化，时间同步机制要能够在拓扑结构的动态变化中保持时间同步的连续性和精度的稳定。

3）健壮性：由于各种原因可能造成传感器节点失效，现场环境随时可能影响无线链路的通信质量，因此要求时间同步机制具有良好的健壮性。

4）收敛性：无线传感器网络具有拓扑结构动态变化的特点，同时传感器节点又存在能量约束，这些都要求建立时间同步的时间很短，使节点能够及时知道它们的时间是否达到同步。

5）能量感知：为了减少能量消耗，保持网络时间同步的交换消息数尽量少，必需的网络通信和计算负载应该可预知，时间同步机制应该根据网络节点的能量分布均匀使用网络节点的能量来达到能量的高效使用。

由于无线传感器网络具有应用相关的特性，在众多不同应用中很难采用统一的时间同步机制，即使在单个应用中，多个层次上可能都需要时间同步，每个层次对时间同步的要求也不同。总之，时间同步机制对无线传感器网络的节点定位、无线信道时分复用、低功耗睡眠、路由协议、数据融合、传感事件排序等应用及服务都会产生直接或者间接的重要影响。因此，时间同步机制几乎渗透至每一个与数据相关的环节。

3.1.2 影响时间同步的关键因素

准确地估计消息包的传输延迟，通过偏移补偿或漂移补偿的方法对时钟进行修

正是无线传感器网络中实现时间同步的关键。目前，绝大多数的时间同步算法都是对时钟偏移进行补偿，由于对偏移进行补偿的精度相对较高且比较难实现，所以对漂移进行补偿的算法相对少一些。

在无线传感器网络中，为了完成节点间的时间同步，消息包的传输是必须的。为了更好地分析包传输中的误差，可将消息包收发的时延分为以下 6 个部分。

1）发送时间（Send Time）：发送节点构造一条消息和发布发送请求到 MAC 层所需的时间，包括内核协议处理、上下文切换时间、中断处理时间和缓冲时间等。它取决于系统调用开销和处理器当前负载，可能高达几百毫秒。

2）访问时间（Access Time）：消息等待传输信道空闲所需的时间，即从等待信道空闲到消息发送开始时的延迟。它是消息传递中最不确定的部分，与低层 MAC 协议和网络当前的负载状况密切相关。在基于竞争的 MAC 协议（如以太网）中，发送节点必须等到信道空闲时才能传输数据，如果发送过程中产生冲突则需要重传。无线局域网 IEEE 802.11 协议的 RTS/CTS 机制要求发送节点在数据传输之前先交换控制信息，获得对无线传输信道的使用权；TDMA 协议要求发送节点必须得到分配给它的时间槽时才能发送数据。

3）传输时间（Transmission Time）：发送节点在无线链路的物理层按位（bit）发射消息所需的时间，该时间比较确定，取决于消息包的大小和无线发射速率。

4）传播时间（Propagation Time）：消息在发送节点到接收节点的传输介质中的传播时间，该时间仅取决于节点间的距离，与其他时延相比这个时延是可以忽略的。

5）接收时间（Reception Time）：接收节点按位接收信息并传递给 MAC 层的时间，这个时间和传输时间相对应。

6）接收处理时间（Receive Time）：接收节点重新组装信息并传递至上层应用所需的时间，包括系统调用、上下文切换等时间，与发送时间类似。

3.1.3 时间同步机制的基本原理

在无线传感器网络中，节点的本地时钟依靠对自身晶振中断计数实现，晶振的频率误差因初始计时时刻不同，使得节点之间的本地时钟不同步。若能估算出本地时钟与物理时钟的关系或者本地时钟之间的关系，就可以构造对应的逻辑时钟以达成同步。节点时钟通常用晶体振荡器脉冲来度量，任意一节点在物理时刻的本地时钟读数可表示为

$$c_i(t)=\frac{1}{f_0}\int_0^t f_i(\tau)\mathrm{d}\tau+c_i(t_0) \tag{3-1}$$

式中，$f_i(\tau)$是节点 i 晶振的实际频率，f_0为节点晶振的标准频率，t_0代表开始计时的物理时刻，$c_i(t_0)$代表节点 i 在 t_0 时刻的时钟读数，t 是真实时间变量。$c_i(t_0)$

是构造的本地时钟，间隔$c(t)-c(t_0)$被用来作为度量时间的依据。由于节点晶振频率短时间内相对稳定，因此节点时钟又可表示为

$$c_i(t)=a_i(t-t_0)+b_i \tag{3-2}$$

对于理想的时钟，有$r(t)=\frac{\mathrm{d}c(t)}{\mathrm{d}t}=1$，也就是说，理想时钟的变化频率$r(t)$为 1，但工程实践中，因为温度、压力、电源电压等外界环境的变化往往会导致晶振频率产生波动，因此构造理想时钟比较困难。一般情况下，晶振频率的波动幅度并非任意的，而是局限在一定的范围之内：

$$1-\rho\leqslant\frac{\mathrm{d}C(t)}{\mathrm{d}t}\leqslant 1+\rho \tag{3-3}$$

式中，ρ为绝对频率差上界，由制造厂家标定，一般ρ多为$(1\sim100)\times10^{-6}$，即一秒钟内会偏移 1~100 μs。

在无线传感器网络中主要有以下 3 个原因导致传感器节点时间的差异：

1）节点开始计时的初始时间不同。

2）每个节点的石英晶体可能以不同的频率跳动，引起时钟值的逐渐偏离，这个误差称为偏差误差。

3）随着时间的推移，时钟老化或随着周围环境（如温度）的变化而导致时钟频率发生变化，这个误差称为漂移误差。

对任何两个时钟 A 和 B，分别用$C_A(t)$和$C_B(t)$来表示它们在t时刻，那么偏移可表示为$C_A(t)-C_B(t)$，偏差可表示为$\frac{\mathrm{d}C_A(t)}{\mathrm{d}t}-\frac{\mathrm{d}C_B(t)}{\mathrm{d}t}$，漂移（drift）或频率（frequency）可表示为$\frac{\partial^2 C_A(t)}{\mathrm{d}t^2}-\frac{\partial^2 C_B(t)}{\mathrm{d}t^2}$。

假定$c(t)$是一个理想的时钟。如果在t时刻，有$c(t)=c_i(t)$，则称时钟$c_i(t)$在t时刻是准确的；如果$\frac{\mathrm{d}c(t)}{\mathrm{d}t}=\frac{\mathrm{d}c_i(t)}{\mathrm{d}t}$，则称时钟$c_i(t)$在$t$时刻是精确的；而如果$c_i(t)=c_k(t)$，则称时钟$c_i(t)$在$t$时刻与时钟$c_k(t)$是同步的。上面的定义表明：两个同步的时钟不一定是准确或精确的，时间同步与时间的准确性和精度没有必然的联系，只有实现了与理想时钟（即真实的物理时间）的完全同步之后，三者才是统一的。对于大多数的传感器网络应用而言，只需要实现网络内部节点间的时间同步，这就意味着节点上实现同步的时钟可以是不精确甚至是不准确的。

本地时钟通常由一个计数器组成，用来记录晶体振荡器产生脉冲的个数。在本地时钟的基础上，可以构造出逻辑时钟，目的是通过对本地时钟进行一定的换算以达成同步。节点的逻辑时钟是任一节点i在物理时刻t的逻辑时钟读数，可以表示为$LC_i(t)=la_i\times C_i(t)+lb_i$。其中，$c_i(t_0)$为当前本地时钟读数，$la_i$、$lb_i$分别为频率修正

系数和初始偏移修正系数。采用逻辑时钟的目的是对本地任意两个节点 i 和 j 实现同步。构造逻辑时钟有以下两种途径：

一种途径是根据本地时钟与物理时钟等全局时间基准的关系进行变换。将式（3-2）反变换可得：

$$t=\frac{1}{a_i}C_i(t)+\left(t_0-\frac{b_i}{a_i}\right) \tag{3-4}$$

将 la_i、lb_i 设为对应的系数，即可将逻辑时钟调整到物理时间基准上。

另一种途径是根据两个节点本地时钟的关系进行对应换算。由式（3-2）可知，任意两个节点 i 和 j 的本地时钟之间的关系可表示为

$$c_j(t)=a_{ij}c_i(t)+b_{ij} \tag{3-5}$$

式中，$a_{ij}=\frac{a_j}{a_i}$，$b_{ij}=b_j-\frac{a_j}{a_i}b_i$。将 la_i、lb_i 设为对应 a_{ij}、b_{ij} 构造出的一个逻辑时钟的对应系数，即可与节点的本地时钟达成同步。

以上两种方法都估计了频率修正系数和初始偏移修正系数，精度较高；对应低精度类的应用，还可以简单地根据当前的本地时钟和物理时钟的差值或本地时钟之间的差值进行修正。

一般情况下，都采用第二种方法进行时钟间的同步，其中 a_{ij} 和 b_{ij} 分别称为相对漂移和相对偏移。式（3-5）给出了两种基本的同步原理，即偏移补偿和漂移补偿。如果在某个时刻，通过一定的算法求得了 b_{ij}，也就意味着在该时刻实现了时钟 $c_i(t)$ 和 $c_j(t)$ 的同步。偏移补偿同步没有考虑时钟漂移，因此同步时间间隔越大，同步误差越大，为了提高精度，可以考虑增加同步频率。另外一种解决途径是估计相对漂移量，并进行相应的修正来减小误差。可见漂移补偿是一种有效的同步手段，在同步间隔较大时效果尤其明显。当然实际的晶体振荡器很难长时间稳定地工作在同一频率上，因此综合应用偏移补偿和漂移补偿才能实现高精度的同步算法。

3.1.4 同步算法

1. 同步算法机制

无线传感器网络的时间同步在近几年有了很大的发展，开发出了很多同步协议，根据同步协议的同步事件及其具体应用特点，时间同步算法机制可以分为以下不同的种类。

（1）按同步事件划分

1）主从模式与平等模式。在主从模式下，从节点把主节点的本地时间作为参考时间并与之同步。一般而言，主节点要消耗的资源量与从节点的数量成正比，所以

一般选择负荷小、能量多的节点为主节点。在平等模式下，网络中的每个节点是相互直接通信的，这减小了因主节点失效而导致同步瘫痪的危险性。平等模式更加灵活但难以控制。参考广播时钟同步协议（Reference Broadcast Synchronization, RBS）是采用平等模式的。

2）内同步与外同步。在内同步中，全球时标（即真实时间）是不可获得的，它关心的是让网络中各个时钟的最大偏差如何尽量减小。在外同步中，有一个标准时间源（如 UTC）提供参考时间，从而使网络中所有的点都与标准时间源同步，可以提供全球时标。但是，绝大部分的无线传感器网络同步机制是不提供真实时间的，除非具体应用需要真实时间。内同步需要更多的操作，可用于主从模式和平等模式；外同步提供的参考时间更精确，只能用于主从模式。

3）概率同步与确定同步。概率同步可以在给定失败概率（或概率上限）的情况下，给出某个最大偏差出现的概率。这样可以减少像确定同步情况下那样的重传和额外操作，从而节能。当然，大部分算法是确定的，都给出了确定的偏差上限。

4）发送者-接收者与接收者-接收者。传统的发送者-接收者同步方法分为以下3步：

① 发送者周期性地把自己的时间作为时标，用消息的方式发给接收者。

② 接收者把自己的时标和收到的时标同步。

③ 计算发送和接收的延时。

接收者-接收者时间同步假设两个接收者大约同时收到发送者的时标信息，然后相互比较它们记录的信息收到时间，达到同步。

（2）按具体应用特点划分

1）单跳网络与多跳网络。在单跳网络中，所有的节点都能直接通信以交换消息。但是，大部分无线传感器网络应用都要通过中间节点传送消息，它们规模太大，往往不可能是单跳的。大部分算法都提供了单跳算法，同时有把它扩展到多跳的情形。

2）静态网络与动态网络。在静态网络中，节点是不移动的。例如，监测一个区域内车辆动作的无线传感器网络，这些网络的拓扑结构是不会改变的。RBS 等连续时间同步机制针对的网络是静态网络。在动态网络中，节点可以移动，当一个节点进入另一个节点的范围内时，两节点才是连通的，它的拓扑结构是不断改变的。

3）基于 MAC 的机制与标准机制。MAC 有两个功能，即利用物理层的服务向上提供可靠服务和解决传输冲突问题。MAC 协议也有很多类型，不同的类型特性不一样。有一部分同步机制是基于特定的 MAC 协议的，有些是不依赖具体 MAC 协议的，也称为标准机制。

总之，在具体应用中同步协议的设计需要因地制宜。

2. 典型时间同步协议

下面具体介绍实际应用的几种典型时间同步协议，并作简要对比分析。

（1）RBS

RBS是典型的接收者-接收者同步。其最大的特点是发送节点广播不包含时间戳的同步包，在广播范围内接收节点同步包，并记录收到包的时间。而接收节点通过比较各自记录的收报时间（需要进行多次的通信）达到时间同步，消除了发送时间和接收时间的不确定性带来的同步偏差。在实际中传播时间是忽略的（考虑到电磁波传播速度等同于光速），所以同步误差主要是由接收时间的不确定性引起的。RBS之所以能够进行精确的同步，主要是因为经过实验（用Motes实验）验证各个节点接收时间之间的差是服从高斯分布的（ $\mu=0,\sigma=11.1\mu s$, confience=99.8%），因此可以通过发送多个同步包减小同步偏差，以提高同步精度。

RBS算法示意图如图3-1所示。

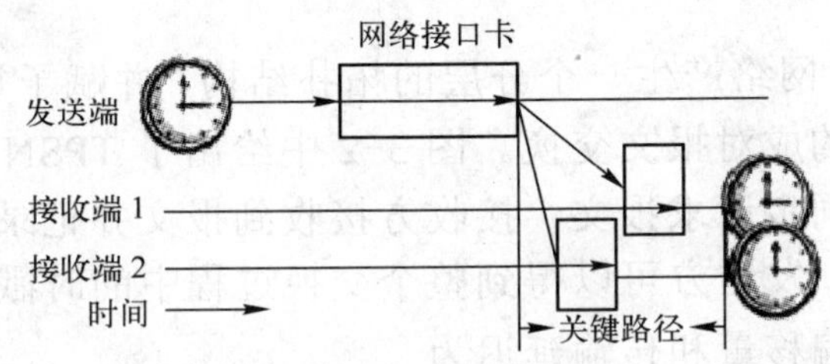

图3-1 RBS算法示意图

假设有两个接收者 i 和 j，发送节点每轮同步向它们发送 m 个包，计算它们之间的时钟偏差为

$$\text{Offset}[i,j]=\frac{1}{m}\sum_{k=1}^{m}(T_{i,k}-T_{j,k}) \tag{3-6}$$

式中，$T_{i,k}$ 和 $T_{j,k}$ 分别是接收者 i 和 j 记录的收到第 k 个同步包的时间。当接收节点的接收时间之间的差服从高斯分布时，可以通过发送多个同步包的方式来提高同步精度，这在数学上是很容易证明的。

经过多次广播后，可以获得多个点，从而可以用统计的方法估计接收者 i 相对于接收者 j 的漂移，用于进一步的时钟同步。

RBS也能扩展到多跳算法，可以选择两个相邻的广播域的公共节点作为另一个时间同步消息的广播者，这样两个广播域内的节点就可以同步起来，从而实现多跳同步。

RBS的优点如下：使用了广播的方法同步接收节点，同步数据传输过程中最大的不确定性可以从关键路径中消除。这种方法比起计算回路延时的同步协议有更高的精度；利用多次广播的方式可以提高同步精度，因为实验证明回归误差是服从良好分布的，这也可以被用来估计时钟漂移；奇异点及同步包的丢失也可以很好地处理，拟合曲线在缺失某些点的情况下也能得到；RBS允许节点构建本地的时间尺度。这对于很多只需要网内相对同步而非绝对时间同步的应用很重要。

当然，RBS 也有它的不足之处：这种同步协议不能用于点到点的网络，因为协议需要广播信道；对于 n 个节点的单跳网络，RBS 需要 $O(n^2)$ 次数据交互，这对于无线传感器网络来说是非常高的能量消耗；由于很多次的数据交互，同步的收敛时间很长，在这个协议中参考节点是没有被同步的。如果网络中参考节点需要被同步，那么会导致额外的能量消耗。

（2）TPSN

无线传感器网络时间同步协议（Timing-sync Protocol for Sensor Networks, TPSN）是较典型的实用算法。TPSN 算法是由加州大学网络和嵌入式系统实验室 Saurabh Ganeiwal 等于 2003 年提出的，算法采用发送者-接收者之间进行成对同步的工作方式，并将其扩展到全网域的时间同步。算法的实现分两个阶段：层次发现阶段和同步阶段。

在层次发现阶段，网络产生一个分层的拓扑结构，并赋予每个节点一个层次号。同步阶段进行节点间的成对报文交换。图 3-2 中给出了 TPSN 一对节点报文交换情况。发送方通过发送同步请求报文，接收方接收到报文并记录接收时间戳后，向发送节点发送响应报文，发送方可以得到整个交换过程中的时戳 T_1、T_2、T_3 和 T_4，由此可以计算节点间的偏移量和传输延迟为

$$\beta = \frac{(T_2 - T_1) - (T_3 - T_4)}{2} \tag{3-7}$$

$$d = \frac{(T_2 - T_1) + (T_3 - T_4)}{2} \tag{3-8}$$

根据上式计算得到它们之间的偏移和传输延迟，并调整自身时间到同步源时间。各节点根据层次发现阶段所形成的层次结构，分层逐步同步直至全网同步完成。

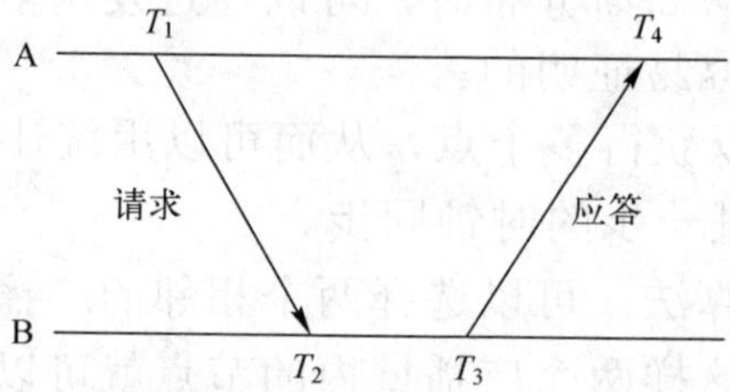

图 3-2　TPSN 一对节点报文交换情况

TPSN 能够实现全网范围内的节点间的时间同步，同步误差与跳数距离成正比关系。

TPSN 的优点如下：该协议是可以扩展的，它的同步精度不会随着网络规模的扩大而急速降低；全网同步的计算量比起 NTP 要小得多。

TPSN 的缺点如下：当节点达到同步时，需要本地修改物理时钟，能量不能有

效利用，因为 TPSN 需要一个分级的网络结构，所以该协议不适用于快速移动节点，并且 TPSN 不支持多跳通信。

（3）FTSP

泛洪时间同步协议（Flooding Time Synchronization Protocol, FTSP）利用无线电广播同步信息，将尽可能多的接收节点与发送节点同步。同步信息包含估计的全局时间（即发送者的时间）。接收节点在收到信息时从各自的本地时钟读取相应的本地时间。因此，一次广播信息提供了一个同步点（全局-本地时间对）给每个接收节点。接收节点根据同步点中全局时间和本地时间的差异来估计自身与发送节点之间的时钟偏移量。FTSP 通过在发送节点和接收节点多次记录时间戳来有效降低中断处理和编码/解码时间的抖动。时间戳是在传输或接收同步信息的边界字节时生成的。中断处理时间的抖动主要是由于单片机上的程序段禁止短时间中断产生的，这个误差不是高斯分布的，但是将时间戳减去一个字节传输时间（即传输一个字节花费的时间）的整数倍数可使其标准化。选取最小的标准化时间戳可基本消除这个误差。编码和解码时间的抖动可以通过取这些标准化时间戳的平均值而减少。接收节点的最终平均时间戳还需要通过可以从传输速度和位偏移量计算得到的字节校准时间进一步校正。

多跳 FTSP 中的节点利用参考点来实现同步。参考点包含一对全局时间与本地时间戳，节点通过定期发送和接收同步信息获得参考点。网络中，根节点是一个特殊节点，由网络选择并动态重选，它是网络时间参考节点。在根节点的广播半径内的节点可以直接从根节点接收同步信息并获得参考点。在根节点的广播半径之外的节点可以从其他与根节点的距离更近的同步节点接收同步信息并获得参考点。当一个节点收集到足够的参考点后，它通过线性回归估算自身的本地时钟的漂移和偏移以完成同步。

如图 3-3 所示，FTSP 提供多跳同步。网络的根节点保存全局时间，网络中其他节点将它们的时钟与根节点的时钟同步。节点形成一个 Ad hoc 网络结构来将全局时间从根节点转换到所有的节点。这样可以节省建立树的初始相位，并且对节点、链路故障和动态拓扑改变有更强的健壮性。实验显示，使用 FTSP 可以达到很高的同步精度。实际中 FTSP 以其算法的低复杂度、低消耗等优势被广泛应用。

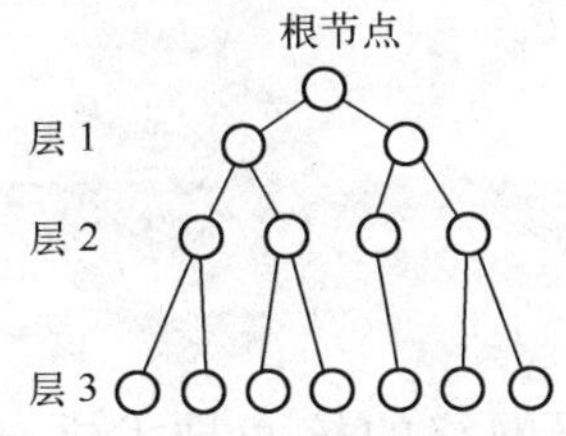

图 3-3　FTSP 同步协议示意图

3. 经典同步协议比较

首先进行定性分析，主要分析各种协议是否达到设计的目标。设计的目标包括能量有效性、精确性、扩展性、总体复杂性和容错能力。定性分析 3 种经典同步协议见表 3-1。

表 3-1　定性分析 3 种经典同步协议

协议	精确性	能量有效性	总体复杂性	扩展性	容错能力
RBS	高	高	高	好	无
TPSN	高	一般	低	好	有
FTSP	高	高	低	不可用	有

其次进行定量分析，要比较的参数如下。

1）同步精度。同步精度可以有两种定义方式：绝对精度——节点的逻辑时钟和标准时间（如 UTC）之间的最大偏差；相对精度——节点间逻辑时钟的值的最大差值。这里使用相对精度。

2）捎带。在同步期间把回复信息与同步信息相结合，节约了传播的开销。

3）复杂度。传感器节点的硬件计算能力有限，对复杂度有特定的约束。

4）同步花费时间。同步整个网络所用的时间。

5）GUI 服务。包括可以读取时间和调度同步事件。

6）网络尺寸。可以同步的网络的最大节点数。

定量比较 3 种经典同步协议见表 3-2。

表 3-2　定量比较 3 种经典同步协议

协议	同步精度/μs	捎带	复杂度	同步花费时间	GUI 服务	网络尺寸
RBS	1.85 ± 1.28	不可用	高	不可用	无	2~20
TPSN	16.9	无	低	不确定	无	150~300
FTSP	1.48	无	低	低	无	不确定

最后通过比较分析可以看到，不同的同步协议各有优劣，在具体应用中，要根据实际情况选择合适的同步协议。

3.2 定位技术

节点定位技术是无线传感器网络的核心技术之一，其目的是通过网络中已知位置信息的节点计算出其他未知节点的位置坐标。一般来说，无线传感器网络需要大

规模地部署无线节点，手工配置节点位置坐标的方法需要消耗大量人力、时间，已经很难实现，而 GPS 并不是所有的场合都适用，因此为了满足日益增长的生产、生活需要，需要对无线传感器网络的节点定位技术做更进一步的研究。

无线传感器网络主要应用于事件的监测，而事件发生的位置对于监测消息是至关重要的，没有位置信息的监测消息毫无意义，因此需要利用定位技术来确定相应的位置信息。此外，节点自定位系统是无线传感器网络实际应用的必要模块，是路由算法、网络管理等核心模块的基础，同时也是目标定位的前提条件。因此，定位技术是无线传感器网络关键的支撑技术，是无线网络其他相关技术研究的基础，在相关领域的研究十分广泛。

3.2.1 定位技术概述

随着相关技术的发展，无线传感器网络定位技术已实现在商业、公共安全和军事等多个领域的应用，如将无线传感器网络部署在工业现场，监测设备运行情况，部署在仓库跟踪物流动态，甚至临时快速部署在火灾救护现场为消防员提供最优路线导航等。和目前应用最为广泛的全球定位系统 GPS 相比，无线传感器网络定位系统具有自身的优势。首先 GPS 设备不能工作在 GPS 卫星信号无法到达的场所，如室内环境、枝叶茂密的森林等，而无线传感器网络定位系统不受场地的制约；其次 GPS 设备成本较高，不适合低端的简易应用场景，且在某些特定场景，如军事应用中不能有效使用。

在无线传感器网络定位技术中，根据节点是否已知自身的位置，把传感器节点分为信标节点（beacon node）和未知节点（unknown node）。信标节点在网络节点中所占的比例很小，可以通过携带 GPS 定位设备等手段获得自身的精确位置。信标节点是未知节点定位的参考点。除了信标节点以外，其他传感器节点就是未知节点，它们通过信标节点的位置信息来确定自身位置。在图 3-4 所示的传感器网络中，B 代表信标节点，U 代表未知节点。U 节点通过与邻近 B 节点或已经得到位置信息的 U 节点之间的通信，根据一定的定位算法计算出自身的位置。

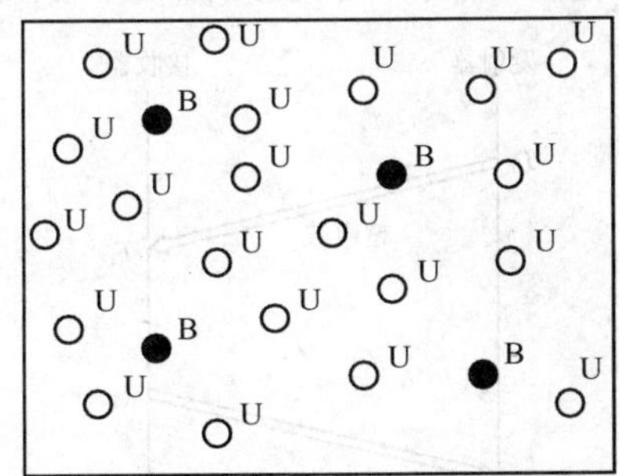

图 3-4　无线传感器网络中的节点分布

由于无线传感器网络定位系统及具体应用的多样性，相应的定位算法种类很多，难以对其进行分类。根据定位过程中是否测量实际节点间的距离，把定位算法分为基于距离的（range-based）定位算法和与距离无关的（range-free）定位算法，前者需要测量相邻节点间的绝对距离或方位，并利用节点间的实际距离来计算未知节点的位置；后者无须测量节点间的绝对距离或方位，而是利用节点间估计的距离计算节点位置。

3.2.2 基于距离的定位

基于距离的定位机制（range-based）是通过测量相邻节点间的实际距离或方位进行定位的。这种定位技术一般分为以下 3 个阶段：

1）测距阶段。未知节点通过测量接收到信标节点发出信号的某些参数（如强度、到达时间、达到角度等），计算出未知节点到信标节点之间的距离。该距离可能是未知节点到信标节点的直线距离，也可能是二者之间的近似直线距离。

2）定位阶段。未知节点根据自身到达至少 3 个信标节点的距离值，再利用三边测量法、三角测量法或极大似然估计法等定位算法，计算出自身的位置坐标。

3）修正（循环求精）阶段。采用一些优化算法或特殊手段将之前得到的未知节点的位置坐标进行优化，以减小误差、提高定位精度。

基于距离的定位算法通过获取电波信号的参数，如接收信号强度（Receive Signal Strength Indication, RSSI）、信号传输时间（Time of Arrival, TOA）、信号到达时间差（Time Difference of Arrival, TDOA）、信号到达角度（Arrival of Angle, AOA）等，再通过合适的定位算法来计算节点或目标的位置。

1. 基于 TOA 的定位

在 TOA 方法中，信标节点发射出某种已知传播速度的信号，未知节点根据接收到信号的时间，得出该信号的传播时间，再算出未知节点到信标节点间的距离，最后用三边定位算法等定位算法计算出该未知节点的位置信息。系统通常使用慢速信号（如超声波）测量信号到达的时间，原理如图 3-5 所示。

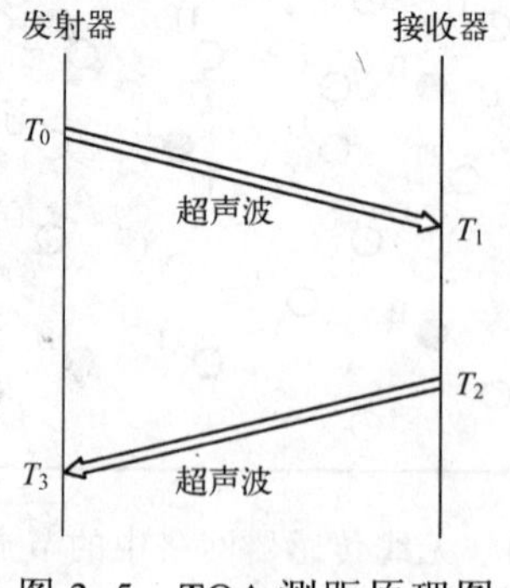

图 3-5　TOA 测距原理图

超声信号从发送节点传递到接收节点后，接收节点再发送另一个信号给发送节点作为响应。通过双方的“握手”，发送节点即能从节点的周期延迟中推断出距离为

$$\frac{\left[\left(T_3-T_0\right)-\left(T_2-T_1\right)\right]\times V}{2} \tag{3-9}$$

式中，V 代表超声波信号的传递速度。这种测量方法的误差主要来自信号的处理时间（如计算延迟以及在接收端的位置延迟 T_2-T_1）。

TOA 定位方法定位精度高，但需要未知节点和信标节点之间保持严格的时钟同步，因此对硬件系统的要求很高，成本也很高。

2. 基于 TDOA 的定位

基于到达时间 TDOA 的定位方法是一种基于测量信号到达时间差的定位方法。在该定位方法中，信标节点将会同时发射两种不同频率的无线信号，它们在传输过程中的速度不同，到达未知节点的时间也会不同，根据这个到达时间的不同和这两种信号的传输速度，可以计算出未知节点和信标节点之间的距离，最后通过三边测量算法等定位算法就可以最终计算出该未知节点的位置坐标。TDOA 定位方法误差小，精度高，但受限于超声波传播距离有限和非视距（NLOS）问题对超声波信号的传播影响。

如图 3-6 所示，发射节点同时发射无线射频信号和超声波信号，接收节点记录两种信号分别到达的时间为 T_1 和 T_2，已知无线射频信号和超声波的传播速度分别为 c_1 和 c_2，那么两点之间的距离为 $(T_2-T_1)\times S$，其中 $S=c_1c_2/\left(c_1-c_2\right)$。在实际应用中，TDOA 的测距方法可以达到较高的精度。

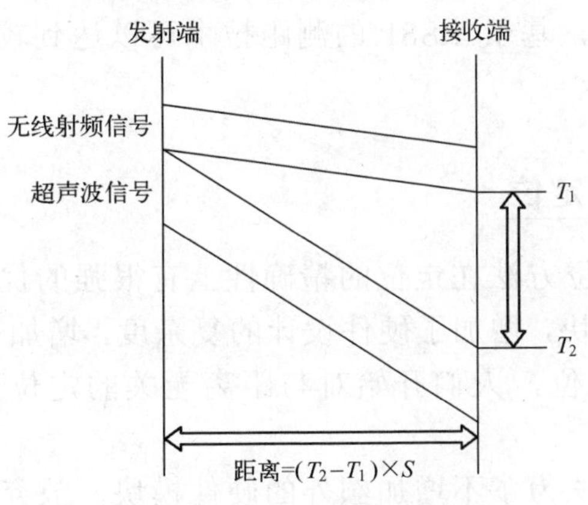

图 3-6　TDOA 定位原理图

3. 基于 AOA 的定位

基于到达角度 AOA 的定位方法是一种基于测量信号到达角度的定位方法。未知节点上将增加一种天线阵列或其他某种接收器的阵列，通过该接收器阵列可以测得

信标节点到该未知节点的角度信息，再通过三角测量法就可以计算出该未知节点的位置信息。这种定位方法需要额外增加很多硬件模块，实施成本高，硬件设计复杂。

4. 基于 RSSI 的定位

基于 RSSI 的定位方法是一种基于测量接收到信号强度的定位方法。RSSI 是信标节点发射出信号强度已知的射频信号，未知节点测量到的从信标节点发出的射频信号的强度，根据信号传播损耗理论和经验公式计算出该未知节点到对应信标节点之间的距离，最后采用三边测量方法等定位算法计算出该未知节点的位置坐标。由于该定位方法主要采用的是射频技术，且无线通信是无线传感器节点的基本功能之一，因此使用该定位方法，不需要增加额外的硬件模块，是一种成本低、功耗低的定位技术。但现实环境中的反射效应、多径效应、NLOS 等问题很容易给 RSSI 带来较大的定位误差。

常用的无线信号传播模型为

$$P_{r,dB}(d)=P_{r,dB}(d_0)-\eta 10\lg\left(\frac{d}{d_0}\right)+X_{\delta,dB} \tag{3-10}$$

式中，$P_{r,dB}(d)$是以 d_0 为参考点的信号的接收功率；η 是路径衰减常数；$X_{\delta,dB}$ 是以 δ^2 为方差的正态分布，为了说明障碍物的影响。

式（3-10）是无线信号较常使用的传播损耗模型，如果参考点的距离 d_0 和接收功率已知，就可以通过该公式计算出距离 d。理论上，如果环境条件已知，路径衰减常数为常量，接收信号强度就可以应用于距离估计。然而，不一致的衰减关系影响了距离估计的质量，这就是 RSSI-RF 信号测距技术的误差经常为米级的原因。在某些特定的环境条件下，基于 RSSI 的测距技术可以达到较好的精度，可以适当地补偿 RSSI 造成的误差。

3.2.3 与距离无关的定位

尽管基于距离的定位方法在定位的精确性上有很强的优势，但这也需要传感器节点增加额外的硬件模块，增加了硬件设计的复杂度，增加了成本。为了在低成本、低功耗的环境中进行定位，人们开始对与距离无关的定位方法进行深入而广泛的研究。

距离无关的定位方法为了不增加额外的硬件模块，放弃了测量未知节点到信标节点绝对距离的做法，而是采用了无线传感器网络中所有节点相互通信，得到节点间相对距离，再通过特定的算法计算出各个节点之间的位置坐标。这种方法大大降低了对无线传感器网络节点的硬件要求，降低了功耗，但增加了节点之间的通信量，增大了定位误差。

与距离无关的定位方法不需要实际准确地测得未知节点到信标节点的距离，仅

仅根据节点之间相互通信获得未知节点到信标节点距离的估计，再根据极大似然估计法等算法计算出未知节点的位置坐标；或者通过节点之间通信确定未知节点在某一区域，再根据质心算法等算法计算出未知节点的位置信息。这种定位算法虽然定位误差较大，但是对传感器节点硬件要求低，功耗小，自组织能力强，在一些特殊的场合里得到了广泛的应用。

与距离无关的定位方法需要确定包含待测目标的可能区域，以此确定目标位置，主要的算法包括质心定位算法、DV-Hop 算法、APIT 算法、凸规划定位算法等。

1. 质心定位算法

质心定位算法是南加州大学的 Nirupama Bulusu 等学者提出的一种仅基于网络连通性的室外定位算法。在平面几何中，一个多边形的中心称为该多边形的质心，它的位置坐标为这个多边形各个顶点坐标的平均值，如图 3-7 所示。该算法的核心思想是：传感器节点以所有在其通信范围内的信标节点的几何质心作为自己的估计位置。

具体的算法过程如下：信标节点每隔一段时间向邻居节点广播一个信标信号，该信号中包含节点自身的 ID 和位置信息；当传感器节点在一段侦听时间内接收到来自信标节点的信标信号数量超过某一个预设门限后，该节点认为与此信标节点连通，并将自身位置确定为所有与之连通的信标节点所组成的多边形的质心；当传感器节点接收到所有与之连通的信标节点的位置信息后，就可以根据由这些信标节点所组成的多边形的顶点坐标来估算自己的位置了。假设这些坐标分别为 (x_1,y_1)、(x_2,y_2)、(x_k,y_k)，则可根据下式计算出传感器节点的坐标：

$$(x_{\text{est}},y_{\text{est}})=\left(\frac{x_1+\ldots+x_k}{k},\frac{y_1+\ldots+y_k}{k}\right) \tag{3-11}$$

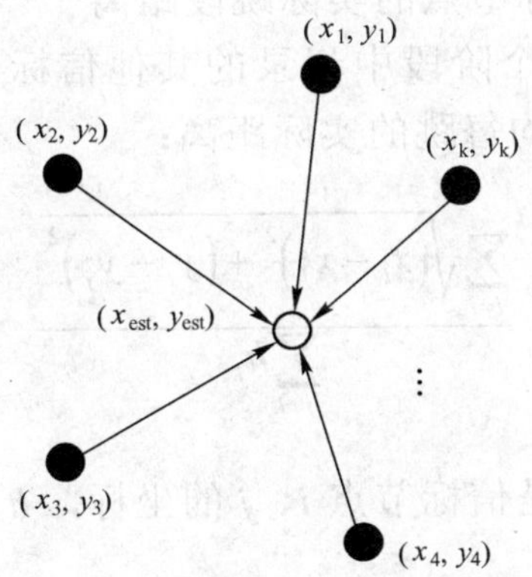

图 3-7　质心定位法示意图

质心定位算法完全根据未知节点是否能接收到信标节点发送的无线信号进行定位，依赖于无线传感器网络的连通性，不需要节点之间的频繁通信协调和计算，所以算法相对简单，易于实现。但质心定位算法都是假设信标节点发射的无线信号遵从理想无线信号模型进行传播，而没有考虑现实中无线信号在传播过程中会被反射、折射、吸收、干扰等现象。此外，由几何关系可以看出，要想对无线传感网络中所有未知节点进行定位，要求信标节点部署的数目多、分布均匀、密度大，这将导致整个无线传感器网络成本增大，维护困难。

2. DV-Hop 算法

距离向量-跳段（DV-Hop）定位算法类似于传统网络中的距离向量路由机制。算法的基本原理是信标节点发送无线电波信号，未知节点接收到之后进行转发，直至整个网络中的节点都接收到该信号。相邻节点之间通信记为 1 跳，未知节点先计算出接收到信标节点信号的最小跳数，再估算平均每跳的距离，将未知节点到达信标节点所需要的最小跳数与平均每跳的距离相乘，可以计算出未知节点与信标节点之间相对的估算距离，最后再用三边测量法或极大似然估计法等估算方法就可计算该未知节点的位置坐标。

DV-Hop 算法的定位过程可以分为以下三个阶段：

（1）计算未知节点与每个信标节点的最小跳数

首先使用典型的距离矢量交换协议，使网络中的所有节点获得距离信标节点的跳数（distance in hops）。

信标节点向邻居节点发射无线电信号，其中包括自身的位置信息和初始化为 0 的跳数计数值。未知节点接收到该信号后，与接收到的其他跳数进行比较，保留每个发送信号信标节点的最小跳数，舍弃相同信标节点其他的跳数值，然后再将保留的每个信标节点最小跳数加 1 后进行转发。由此，网络中每个节点都可以得到每个信标节点到达自身节点的最小跳数。

（2）计算未知节点与信标节点的实际跳段距离

每个信标节点根据第一个阶段中记录的其他信标节点的位置信息和相距跳段数，利用式（3-12）估算平均每跳的实际距离：

$$Hopsize_i = \frac{\sum_{j \neq i} \sqrt{\left(x_i - x_j\right)^2 + \left(y_i - y_j\right)^2}}{\sum_{j \neq i} h_j} \tag{3-12}$$

式中，(x_i, y_i)，(x_j, y_j) 是信标节点 i、j 的坐标，h_j 是信标节点 i 与 $j(j \neq i)$ 之间的跳段数。

然后，信标节点将计算的每跳平均距离用带有生存期字段的分组广播到网络中，未知节点只记录接收到的每跳平均距离，并转发给邻居节点。这个策略保证了绝大多数节点仅从最近的信标节点接收平均每跳距离值。未知节点接收到每跳平均距离

后，根据记录的跳段数（hops）来估算它到信标节点的距离。

$$D_i = hops \times Hopsize_{ave} \tag{3-13}$$

（3）利用三边测量法或极大似然估计法计算自身的位置

估算出未知节点到信标节点的距离后，就可以用三边测量法或者极大似然估计法计算出未知节点的自身坐标。

将 1,2,3，…，n 个节点的坐标分别设为(x_1,y_1)，(x_2,y_2)，(x_3,y_3)，…，(x_n,y_n)。以上 n 个节点到节点 A 间的距离分别为 d_1，d_2，…，d_n，此时将节点 A 的坐标设为 (x,y)，则可得：

$$\begin{cases}(x_1-x)^2+(y_1-y)^2=d_1^2\\ \vdots\\ (x_n-x)^2+(y_n-y)^2=d_n^2\end{cases} \tag{3-14}$$

将式（3-14）中的前 n-1 个方差分别减去最后一个方程可得：

$$\begin{cases}x_1^2-x_n^2-2(x_1-x_n)x-y_1^2-y_n^2-2(y_1-y_n)y=d_1^2-d_n^2\\ x_{n-1}^2-x_n^2-2(x_{n-1}-x_n)x-y_{n-1}^2-y_n^2-2(y_{n-1}-y_n)y=d_{n-1}^2-d_n^2\end{cases} \tag{3-15}$$

此式的线性方程表示为 $AX=b$，其中

$$A=\begin{bmatrix}2(x_1-x_n) & 2(y_1-y_n)\\ 2(x_{n-1}-x_n) & 2(y_{n-1}-y_n)\end{bmatrix}$$

$$b=\begin{bmatrix}x_1^2-x_n^2+y_1^2-y_n^2-d_1^2+d_n^2\\ x_{n-1}^2-x_n^2+y_{n-1}^2-y_n^2-d_{n-1}^2+d_n^2\end{bmatrix}$$

$$X=\begin{bmatrix}x\\ y\end{bmatrix} \tag{3-16}$$

对上式用最小二乘法求解，即

$$X=\left(A^TA\right)^{-1}A^Tb$$

从而估计得未知节点 X 的位置坐标。

DV-Hop 算法对硬件的要求很低，能够轻易地在无线传感器网络平台上实现。其缺点在于用每跳平均距离来估算未知节点到信标节点距离的做法本身就存在明显的误差，定位精度难以保证。

3. APIT 算法

近似三角形内点测试法（Approximate Point-in-triangulation Test, APIT）本质上

来看是对质心算法的一种改进。APIT 定位算法的基本原理是未知节点先得到临近所有信标节点的位置信息，随机选取 3 个信标节点组成一个三角形，然后测试该三角形区域是否包含该未知节点，如果包含则保留，不包含则舍弃。不断地选取测试，直至选取的包含该未知节点的三角形区域可以达到定位精度要求停止，再计算出选取到的三角形重叠后多边形的质心，并将该质心的位置作为该未知节点的位置坐标，如图 3-8 所示。

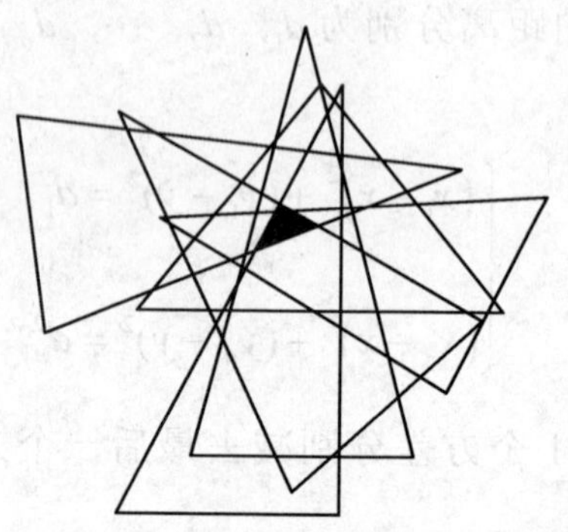

图 3-8　APIT 定位原理示意图

在该算法中，需要测试未知节点是否包含于三角形。这里介绍一种十分巧妙的方法，其理论基础是最佳三角形内点测试法。该测试原理指出，如果存在一个方向，一点沿着该方向移动会同时远离或接近三角形的 3 个顶点，则该点一定位于三角形外，否则该点位于三角形内。将该原理应用于静态环境的 APIT 定位算法时，可通过利用该节点的邻居节点来模拟该节点的移动，这要求邻居节点距离该节点较近，否则该测试方法将出现错误。

APIT 定位算法的优点是：当信标节点发射的无线信号传播有明显的方向性，且信标节点位置较随机时，该定位算法定位更加准确。其缺点在于需要无线传感器网络中有大量的信标节点。

4. 凸规划定位算法

加州大学伯克利分校的 Doherty 等人将节点间点到点的通信连接视为节点位置的几何约束，把整个模型化为一个凸集，从而将节点定位问题转化为凸约束优化问题，然后使用半定规划和线性规划方法得到一个全局优化的解决方案，确定节点位置，同时也给出了一种计算传感器节点有可能存在的矩形空间的方法。如图 3-9 所示，根据传感器节点与信标节点之间的通信连接和节点无线通信射程，可以估算出节点可能存在的区域（图中阴影部分），并得到相应矩形区域，然后以矩形的质心作为传感器节点的位置。

凸规划是一种集中式定位算法，定位误差约等于节点的无线射程（信标节点比例为 10%）。为了高效工作，信标节点需要被部署在网络的边缘，否则外围节点的

位置估算会向网络中心偏移。该算法的优点在于定位精确性得到了很大的提高，缺点是信标节点在整个无线传感器网络区域中需要靠近边缘，且分布密度要求也较高。

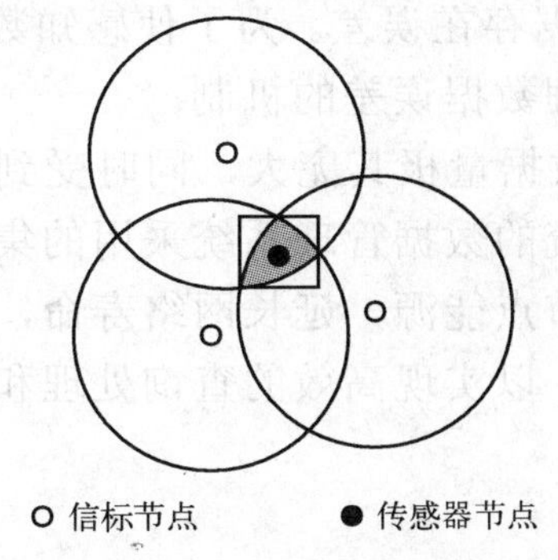

图 3-9　凸规划定位算法示意图

3.3　数据管理技术

无线传感器网络是一个以数据为中心的网络，任何脱离数据谈论传感器网络都是毫无意义的。在用户看来，以数据为中心的无线传感器网络就是一个产生许多无限流感知数据的数据源。从数据库研究的观点来看，无线传感器网络数据库系统可理解为一个分布式数据库，无线传感器网络的数据管理主要包括对监测数据的采集、存储、查询、挖掘等处理操作。无线传感器数据管理的目的就是把用户关心的逻辑视图与无线传感器网络真正的物理视图分离开来，使得用户不需知道网络的实现细节，而只需要关心查询的逻辑结构。

3.3.1　数据管理概述

无线传感器网络的特点要求数据管理算法设计以能量、时间和空间复杂性最小化为目标，并充分考虑系统的分布式特性、健壮性、自适应特性等，相对于传统数据库，无线传感器网络的数据管理技术面临更多挑战。无线传感器网络感知数据的管理与传统的分布式数据库管理的区别主要体现在以下几个方面。

1）无线传感器网络的感知数据是连续无限流数据，数据分布的统计特征是不确定的，而传统的分布式数据库的数据往往是间断有限的，且数据分布特征已知。因此，无线传感器网络需要新的数据管理系统实现感知数据的存储和查询等管理。

2）传感器节点能源有限，拓扑结构具有不确定性。传感器节点的存储容量、计算能力和电池能量都非常有限，节点的能源优化管理是数据管理系统的一个重要研究主题。此外，传感器节点随时可能失效，同时也会从外部补充新的节点，使网络拓扑结构发生变化，给无线传感器网络的数据管理带来新的挑战。

3）传感器节点的感知数据存在误差。为了使感知数据可靠有效，无线传感器网络数据管理系统需要提供处理数据误差的机制。

由于无线传感器网络的数据量极其庞大，同时受到节点通信带宽、存储容量、计算能力和能源等限制，传统的数据管理系统采用的集中式处理方式并不适用于传感器网络。为了有效地利用节点能源，延长网络寿命，无线传感器网络数据管理需要能源有效的网内处理算法，以实现高效的查询处理和数据管理。

3.3.2 系统结构

无线传感器网络的体系结构主要由节点本身的资源（通信能力、存储容量和电源等）限制和目标应用功能决定。目前，网络系统结构主要有集中式结构、分布式结构、半分布式结构、层次式结构 4 种类型。

（1）集中式结构

在集中式结构中，感知数据经过节点预处理后，被传送到离线的中心服务器聚集并存储，然后利用传统的查询方法在中心服务器中进行数据查询。这种结构容易部署，因此目前大多数的实际监测应用网络采用集中式结构的数据管理系统。但是，这种结构存在两个主要缺点，一是结构适应性不高，用户不能根据需求改变其动态性能要求，因此该结构被称为 dumb 系统；二是数据集中过程中的通信开销会极大地消耗节点能量，网络寿命较短。

（2）分布式结构

分布式结构假设传感器节点有着和普通计算机相同的计算和存储能力，并将计算和通信全部集成到传感器节点上。该结构只适用于基于事件的查询，系统通信开销大。由于目前的硬件水平不能达到其假设的要求，因此这类结构仅处于仿真阶段。

（3）半分布式结构

典型传感器网络的系统结构包括资源受限的传感器节点群组成的多跳自组织网络、资源丰富的 Sink 节点、互联网和用户界面等，如图 3-10 所示。传感器网络层的节点具有较低的计算和存储能力，完成从代理层接收指令、进行本地计算和将数据传送到代理 3 项任务。代理层的节点具有丰富的存储计算和通信能力，每个代理完成 5 项任务，包括接受用户查询、向传感器节点发送命令、从传感器层接收数据、处理查询和将查询结果返回给用户。该系统中，传感器网络层只是简单地作为数据来源，主要的数据计算、存储和通信都在代理层完成，大大减少了网络的通信次数，延长了网络寿命。目前，大多数研究工作都集中在半分布式结构方面。

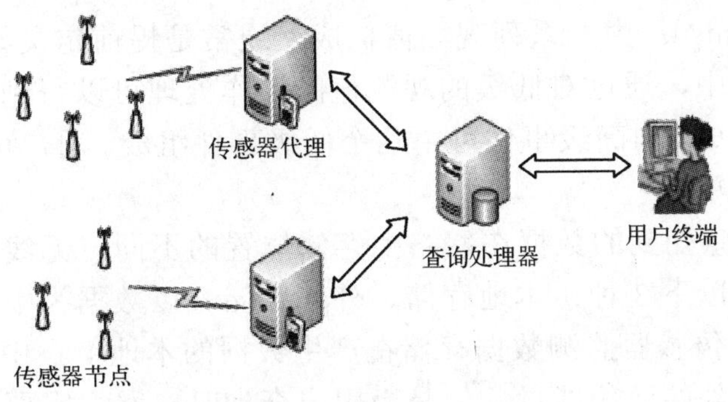

图 3-10 半分布式结构图

（4）层次式结构

针对上述系统结构的不足，研究者提出了层次式结构，这种结构分为网络层和代理网络层。在传感器网络层，每个传感器节点都需要完成以下 3 个任务：

1）从代理网络层接收命令。

2）在本地节点进行计算。

3）将处理后的数据传送到代理网络层。

网络代理完成以下任务：

1）从终端接受用户输入的查询命令并解析优化查询命令。

2）向网络层发送解析优化后的查询请求。

3）从网络层接收查询请求返回的感知数据。

4）处理查询到的数据。

5）对查询结果作最后的处理，并将最终结果返回给终端用户。

层次式结构将计算、处理数据的开销分担在了各个代理节点上，使得多个代理节点共同承担计算、通信的开销，可延长网络的生存期。

3.3.3 数据存储与索引技术

为了将无线传感器网络的外部逻辑与内部物理实现分离开来，使用户可以不用了解网络的内部硬件实现与物理逻辑便可以方便有效地对网络的数据进行访问，需要对无线传感器网络数据进行有效的管理。无线传感器数据管理的研究内容涉及数据模式、查询语言、数据存储、数据查询的分发与优化、数据融合等。其中数据存储、数据查询这些方面直接影响传感器网络数据查询的效率、系统的性能等。

1. 无线传感器网络数据

（1）数据类型

1）观测值（Observation）：由传感器节点直接感知到的数据读数，如温度值和压力值。观测值一般情况下不能直接与网络外部进行通信操作。

2）事件（Events）：由一系列观测值构成，通常是提前定义好的，如动物监测。在无线传感器网络中，通过对低级的观测值的操作处理可以得到事件。事件也可以由其他一些事件构成，如高级事件可由几个低级事件组成。用户可以直接查询事件。

（2）数据存储方法

根据监测节点感知到的数据在网络中存储位置的不同，无线传感器网络数据存储的方法可以分为以下 3 种：本地存储、外部存储、以数据为中心的存储方法。

1）本地存储：传感器监测数据存储在产生数据的本地节点中。存储感知数据时节点不需要消耗额外的通信能量，但是当用户查询时，网络需要消耗大量的能量将分布在网络的各数据传送给用户，此时这种方法不仅会消耗大量的通信能源，而且会延长查询时延，增加了查询的困难。

2）外部存储：将所有监测节点感知到的数据传送到网络外部的数据库节点上保存。若监测节点频繁感知到大量数据时，需要频繁地传送大量的数据到外部的数据库节点，这将消耗许多能量，造成不必要的冗余数据传输；与外部数据库节点邻近的节点可能因为频繁传送数据而消耗太多的能量，导致过早的失效或损坏；当感知数据的访问频率远远高于数据存储的频率时，或者用户关心的只是少部分数据时，外部存储方法就不适用了，因为大部分传送的数据都是冗余的；且当查询频率高于数据存储频率时，用户可能无法查询到他想要的数据，例如，用户每 5 分钟查询一次温度值，而网络中的感知数据每 10 分钟将数据传送到外部传感器节点，此时无法保证用户查询的准确性。

3）以数据为中心的存储：将网络中监测节点感知到的数据根据数据所属的事件类型通过某种映射方法存储到对应映射地理位置的传感器节点上，使得同一节点存储的数均为同一类型的数据，查询时可以很方便地通过对应的映射方法从相应的节点中获取对应的感知数据。以数据为中心的存储方法不仅不存在本地存储带来的查询困难和外部存储带来的存储能耗浪费等问题，而且有效地避免了查询命令的泛洪和广播，减少了数据传输的盲目性。如今大多数研究学者们都更加热衷于研究以数据为中心的存储方法。

（3）数据处理操作

1）任务（Task）：用于发出指令，要求节点完成的本地认证操作。

2）操作（Action）：识别事件后，节点可以对事件信息执行以下 3 种操作：将信息存储在网络外部、存储在网内及使用以数据为中心的存储方式，这 3 种操作分别对应 3 种类型的数据存储方式。

3）查询（Query）：从无线传感器网络中提取出事件信息。查询方式与操作方式有关，即不同的存储方式需要不同的查询方法。

2. 以数据为中心的存储技术

以数据为中心的存储技术（Data-Centric Storage, DCS）使用数据名来存储和查

询数据。数据命名的方法很多，如层次式命名法和“属性-值”命名法，具体的应用可根据需求采用不同的命名方法。数据存储通过数据名到传感器节点的映射算法实现。

DCS 按照事件的命名存储数据，这个命名为关键字。DCS 提供一个基于（关键字，数值）对存储形式。事件的存储和索引都利用关键字完成。DCS 是一种与命名无关的存储方式，即任意命名方式都能满足用于区分不同事件的需求。DCS 支持以下两种操作：Put 和 Get。Put（k,v）根据关键字 k（数据的名字）存储观测值 v，Get（k）索引与 k 有关的数值。

无线传感器网络是一个分布式网络，DCS 设计的首要标准是可适用性和健壮性。但是，无线传感器网络的一些特性给 DCS 的设计带来了一些挑战，如节点故障、传感器网络拓扑结构的变化和节点的能源有限等。这些特点使得 DCS 的设计必须满足以下标准。

1）持久性：存储在系统中的（关键字，数值）对必须对查询有效，即使在某些恶劣的环境下（如节点发生故障或系统拓扑结构发生改变），（关键字，数值）对也必须对查询有效。

2）一致性：对关键字 k 的查询必须对应到目前存储该关键字的节点上。如果存储该关键字的节点发生改变(如出现故障)，则查询和存储必须更新到一个新的节点，以保证一致性。

3）数据库大小可扩展性：随着系统中（k,v）对数量的增加，不能将其集中存储于同一个节点。

4）节点数量可扩展性：随着系统中节点数目的增加，系统的存储容量必须增加。然而通信开销必须有所限制，防止出现通信热点。

5）拓扑结构适用性：要求系统在不同的网络拓扑结构下工作时性能良好。

地理散列函数算法是一种能满足上述要求，且目前使用较为广泛的以数据为中心的数据存储方法。该方法主要靠以下两个步骤来实现：第一步为使用地理位置散列表（Geographic Hash Table, GHT）将一个数据的关键字映射为一个地理位置。具有相同散列地理位置的数据将被存储在同一个传感器节点上，因此关键字的选取对系统的性能有很大的影响，也决定了地理散列方法所支持的查询类型。第二步利用贪婪周边无状态路由协议（Greedy Perimeter Stateless Routing, GPSR），将数据存储到距离散列位置最近的传感器节点上。存储感知数据的某个传感器节点成为该数据的主节点。地理散列方法采用简单的周边更新协议来保持主节点和周界上传感器节点的联系，增强该算法的健壮性，避免因主节点失效和新节点的加入导致主节点发生改变而产生的误差。

3. 索引技术

由于传感器节点规模庞大，感知的数据量也是非常多，若是将所有节点中的感知数据都传递到存储节点保存将会消耗大量的能源，而且大量的数据也大大增加了数据检索的困难。为了节省网络存储数据消耗的能源，提高数据检索的效率，可以采用索引技术将繁多的感知数据用更小数据量的索引表示，并可对索引进行排序。因此，索引有效地减少了数据检索的困难，提高了数据查询的效率，减少了保存繁多感知数据的能源消耗。索引的设计需要根据数据存储方法和系统的应用需求，可以表示为根据查询请求检索数据的算法，检索数据时可以通过查询索引来寻找所需要的数据。

DIMENSIONS 系统采用以数据为中心的存储概念，构建存储层次，采用空间分解技术对数据建立索引。该索引技术利用数据的小波系数来处理大规模/数据集上的近似查询，支持给定时间和空间范围的多分辨率查询。无线传感器网络用户除了时空聚集和精确匹配查询外，也需要进行区域查询。

DIFS（Distributed Index for Features in Sensor Network）是一种支持区域查询的一维索引结构，它综合利用了 GHT 技术和空间分解技术构造了多根层次结构树。该索引方法具有两个特点：第一，层次结构树具有多个根，解决了 DIMENSIONS 的单根造成的通信瓶颈问题；第二，数据沿层次结构树向上传播聚集，减少了不必要的数据发送。DIFS 仅支持两个属性上的具有区域约束条件的查询，即二维查询。

DIM（Distributed Index for Multi-dimensional Data）为支持多维查询处理的分布式索引结构。它使用局部保持的地理散列函数来实现数据存储的局限性。无线传感器网络中每个节点都为自己分配一个子空间，每个子空间的感知数据存储在该子空间内的节点上。DIM 的缺陷是仅适用于节点和感知数据都是均匀分布的情况，当感知数据在其取值范围内非均匀分布时会产生热点问题。采用直方图的设计思想，调整多维数据各个维的划分点来平衡每个节点的数据存储量，达到负载平衡，可以有效地解决热点问题。

3.3.4 查询处理技术

数据查询主要是指结合有效的存储方法，高效、节能地实现查询处理。在无线传感器网络中，用户通过对感知数据的查询和分析检测各种物理现象。目前，对无线传感器网络的数据查询主要分为两类：动态数据查询和历史数据查询。在动态数据查询中，数据仅在一个小的时间窗内有效；而历史数据查询是对检测到的历史数据进行检测、分析走势等，该类查询通常认为每个数据都是同等重要的，是不可缺少的。

1. 动态数据查询

大量的数据管理系统和技术都支持动态数据查询，如 TinyDB、Cougar 和 Directed

Diffusion 都为连续查询提供了数据下推过滤技术，使得查询过程中的数据处理在感知节点处进行，并且只传输最终结果。这种查询方式减少了通信次数，延长了网络寿命。具体的查询过滤技术不仅支持基于事件的查询，也适用于基于生命周期的查询。采集查询处理（AQP）技术同样支持动态数据查询。根据查询的需求，AQP 技术可以决定查询节点、采样属性和采样时间，避免不必要的数据采集。在 TinyDB 中，节点可以决定回复查询的采样顺序，并且消耗最少的能量。

2. 历史数据查询

相对于动态数据查询，关于历史数据查询的相关技术研究较少，主要分为两类：第一类是集中式查询，它将网络内的所有感知数据聚集并存储到网外的中心数据库中，应用传统的数据库查询方式从中心数据库中查询所需的数据。由于易于布置实施，实际监测系统大多采用集中式存储和查询。但是这种方式容易产生热点，影响网络性能和寿命。集中式查询方式仅适用于传感器能量充足且数据采集周期长的应用环境。另一类是分布式查询，查询请求被传送到网络中，甚至直接传送到存储所需查询数据的主节点。由于在传感器节点上进行数据处理，并且只有相关数据被传送给用户，减少了通信量，因此分布式查询被认为更节能。但是由于传感器节点计算能力、存储容量等方面的限制，使得该类方法未能真正实现，目前还只是停留在仿真阶段。

3.4　目标跟踪技术

目标跟踪问题可以追溯到第二次世界大战前夕，即 1937 年世界上出现第一部跟踪雷达站 SCR-28 时。之后，各种雷达、红外、声纳和激光等目标跟踪系统相继出现、发展并且日趋完善，并由传统的单传感器单目标跟踪逐渐发展到单传感器多目标跟踪，直到现在的多传感器多目标跟踪。目标跟踪技术无论是在军事，还是在民用领域都有着重要的应用价值。在军事上，它可以应用于导弹系统、空防、海防、区域防御和作战监视等；民用方面，可以用于动物迁徙监测研究、生物习性研究、医疗监测、智能玩具、汽车防盗、城市交通管制系统等。

目标跟踪是指为了维持对目标当前状态的估计，同时也是对传感器接收的量测进行处理的过程。目标跟踪处理过程所关注的通常不是原始的观测数据，而是信号处理子系统或者检测子系统的输出信号。和目标定位技术相比，目标跟踪是一个动态过程，其核心的滤波算法可以看作是一个时间和空间上的数据融合过程，能有效利用历史和当前量测数据。因此，目标跟踪比定位具有更强的抗干扰性及更优的估计性能，尤其在对运动目标的监控中具有很大的优势。

3.4.1 目标跟踪概述

由于传感器节点体积小、价格低廉，无线传感器网络采用无线通信方式，传感器网络部署随机，以及具有自组织性、健壮性和隐蔽性等特点，无线传感器网络非常适合于移动目标的定位和跟踪。随着研究的深入，无线传感器网络在目标跟踪应用中的优势越来越明显，归纳起来，包括以下几点：

1）跟踪更精确。密集部署的传感器节点可以对移动目标进行精确传感、跟踪和控制，从而可以更详细地显示出移动目标的运动情况。

2）跟踪更可靠。由于无线传感器网络的自治、自组织和高密度部署，当节点失效或新的节点加入时，可以在恶劣的环境中自动配置与容错，使得无线传感器网络在跟踪目标时具有较高的可靠性、容错性和健壮性。

3）跟踪更及时。多种传感器的同步监控，使得移动目标的发现更及时，也更容易。分布式的数据处理、多传感器节点协同工作，使跟踪更加的全面。

4）跟踪更隐蔽。由于传感器节点体积小，可以对目标实现更隐蔽的跟踪，同时也方便部署应用。

5）成本低。单个传感器节点的成本低，从而降低了整个跟踪的成本。

6)耗能低。传感器节点的设计和无线传感器网络的设计都以低耗能为主要目标，这使得在野外工作等没有固定电源或更换电池不便的跟踪应用更加便捷。

1. 基本原理

无线传感器网络由大量体积小、成本低，具有感测、通信、数据处理能力的传感器节点构成，并将大量的传感器节点部署在监测区域内。自组织成网络后，经过多条路由将数据传输到数据中心，供用户使用。传感器网络体系通常包括传感器节点、汇聚节点和管理节点。在不同的应用中传感器节点的组成不同，但传感器节点都有传感器模块、处理器模块、无线通信模块和能量供应模块，其中处理器大都选用嵌入式 CPU，通信模块采用休眠/唤醒机制。各模块由一个微型操作系统控制。

当有目标进入监测区域时，由于目标的辐射特性（通常是红外辐射特征）、声传播特征和目标运动过程中产生的地面震动特征，传感器会探测到相应的信号。下面讨论现有的 3 种跟踪策略，以比较其跟踪目标的有效性、节能性以及网络寿命。

1）完全跟踪策略：网络内所有探测到目标的传感器节点均参与跟踪。显然，这种策略消耗的能量很大，造成了较大的资源浪费，为数据融合与消除冗余信息增加了负担，但同时这种方法提供了较高的跟踪精度。

2）随机跟踪策略：网络内每个节点以其概率参与跟踪，整个跟踪以平均概率进行跟踪。显然，这种策略由于参与跟踪的节点数目得到了限制，因而可以降低能量消耗，但是不能保证跟踪精度。

3）协作跟踪策略：网络通过一定的跟踪算法来适时启动相关节点参与跟踪。通过节点间相互协作进行跟踪，既能节约能量又能保证跟踪精度。显然，协作跟踪策略是跟踪算法的最好选择。

为了对跟踪策略有一个基本的理解，首先简单说明一个目标被跟踪的情况。假定一个物体进入了事先布置和组织好的无线传感器网络监测区域，如果感测信息超出了门限，这时每一个处于侦测状态的传感器节点都能探测到物体，然后把探测信息数据包发送给汇聚节点。汇聚节点从网络内收集到数据后对信息进行融合，得出物体是否需要被跟踪的结论，如果目标的确需要被监控，传感器网络在监测区域内将使用一个跟踪运动目标的算法，随着目标的运动，跟踪算法将及时通知合适的节点参与跟踪，简要过程如下：

1）网络内节点以一定的时间间隔从休眠状态转换到监测状态，侦测是否有目标出现。

2）传感器节点检测到目标进入探测范围后，通过操作系统唤醒通信模块并向网络内广播信息包，记录下目标进入区域所持续的时间。信息包中含有传感器节点身份号码和传感器位置坐标以及目标在探测范围内持续的时间。

3）当汇聚节点接收到 K 个节点发送的信息后，由目标跟踪公式计算出目标位置。

4）汇聚节点根据接收到的信息和融合信息，通过使用跟踪算法启动相应的节点参与跟踪。

5）当目标离开监测区域时，节点向汇聚节点报告自己的位置信息以及目标在节点探测范围内所持续的时间。汇聚节点综合历史数据和新信息形成目标的运动趋势。

2. 跟踪策略设计要素

无线传感器网络跟踪目标涉及目标探测、目标定位、通信、数据融合、跟踪算法的设计等很多方面的问题。在跟踪过程中，如果选择不合适的节点参与跟踪，不但跟踪精度较低甚至有可能丢失目标，并且会过多地消耗不必要的能量。同时算法的优劣也直接影响着跟踪的效果。衡量一个跟踪策略是否具有较好的跟踪效果，需要考虑以下问题：

1）跟踪精度。跟踪精度是目标跟踪中首先要考虑的一个问题，当然也并不是跟踪精度越高就越好，精度越高意味着算法融合的数据越多，这样会增加能量消耗，所以还要结合能量消耗，综合评价跟踪算法的优劣。

2）跟踪能量消耗。由于用无线传感器网络跟踪目标大都应用于实际环境，节点的能量消耗是一个非常关键的问题，因此要求传感器节点最好不但能储备能量（电池），而且还要根据实际情况可以现场蓄能（太阳能）。跟踪过程中选择合适的节点参与跟踪，需要考虑该节点的通信能量消耗、感测能量消耗和计算能量消耗，其中通信能量消耗是最主要的部分。在设计考虑跟踪算法时要综合衡量这几种能量消耗，找到合适的比重，以满足较低的能量消耗，从而延迟节点和网络的寿命。

3）跟踪的可靠性。网络的可靠性对目标跟踪的质量有很大的影响。当前应用于目标跟踪的方法主要有集中式和分布式。集中式方法要求所有网络节点在探测到目标后都要向汇聚节点发回探测结果，不但引入的通信开销大，而且计算开销也增加很多，这样网络的可靠性下降很快。分布式方法是一种较好的选择，但是也要充分考虑跟踪算法的健壮性能适应环境的变化，以增强网络的可靠性。

4）跟踪的实时性。在实际应用中跟踪的实时性是一个很重要的指标，实时性能主要由硬件性能、算法的具体设计以及网络拓扑等多方面决定，在硬件技术飞速发展的今天，算法的实时性与网络拓扑结构的选择便越发显得重要。

3.4.2 目标跟踪的主要技术

由于无线传感器网络具有很多独有的特性，因此传统的跟踪算法并不适用于传感器网络。许多研究者开始从无线传感器网络的分布式特点着手，致力于减少网络能耗，提高跟踪精度。图 3-11 所示为目标跟踪系统的五大关键技术。

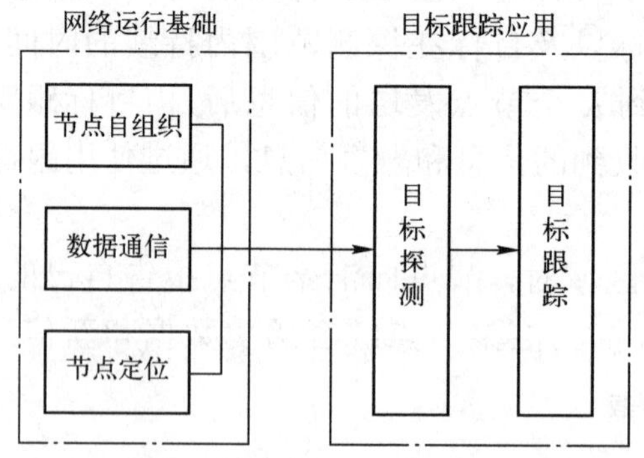

图 3-11　目标跟踪系统的五大关键技术

1. 节点自组织

传感器节点采用随机布置的方式，无法事先确定节点的位置和相互联系。所以，传感器网络需要通过自组织的方式，形成一个功能完备的网络系统。节点自组织就是要采取有效的方式自我管理，同时确保网络稳定性，具有可扩展性，为目标跟踪系统提供运行基础。这些节点的自我管理方法、节点分簇的依据以及簇头的选举方法是科研工作者研究的重点。

目前，最流行的组织形式是把整个网络划分为多个子网，每个子网称为一个簇，由一个簇头节点负责管理，所有成员节点只向本簇头汇报数据。簇头把这些数据融合之后再向汇聚节点上报，这样就避免了大量的远程通信。

2. 数据通信

信息传输是节点交换信息的过程，探测区域内的传感器节点需要把目标信息上

报到汇聚节点。目标感知消息中通常包含节点ID、节点自身位置以及该节点探测到的目标信号强度。邻居节点对收到的数据包进行转发，保证数据传输畅通。及时地把目标信息上报到汇聚节点是通信系统的主要工作。根据不同的无线传感器网络结构和数据传输模型，目前的路由算法可以分成以下4类。

1）泛洪方式（Flooding）：这一类的代表为SPIN（Sensor Protocols for Information via Negotiation）协议。该协议注意到邻近的节点所感知的数据具有相似性，所以通过节点间协商（Negotiation）的方式，传感器节点只广播其他节点所没有的数据以减少冗余数据，从而有效减少能量消耗。同时，SPIN还提出使用元数据（meta-data，是对节点感知数据的抽象描述）而非原始感知数据来交换节点感知事件的信息。

2）集群方式（Clustering）：这一类的代表为LEACH（Low Energy Adaptive Clustering Hierarchy）协议。该协议的思路主要是根据节点接收到的信号强度进行集群分组，LEACH算法是完全分布式的，其数据传输的延迟很小。同时，集群分组方式带来了额外开销以及覆盖问题。

3）地理信息方式（Geographic）：这一类的代表为GEAR（Geographic and Energy Aware Routing）协议。该协议在Directed Diffusion算法的基础上做了一系列改进，考虑到传感器节点的位置信息，在interest报文添加地址信息字段，并根据地址信息字段将interest往特定方向传输以替代原泛洪方式，从而显著节省能量消耗。

4）基于服务质量方式（QoS）：这一类的代表为SAR（Sequential Assignment Routing）。该协议第一次在路由算法层次引入了QoS的概念。该算法以汇聚节点的邻节点为根，生成多个树状结构，到达远端传感器节点。数据包传输时，SAR协议根据QoS参数、能量情况和数据包的优先级，在所有的生成树中选取一条路径。通过downstream和upstream，在局部范围内自动维护路由状态表。但是维护节点的路由表和状态开销很大，故该算法不适用于具有大量传感器节点的应用。

3. 节点定位

节点的自身定位是目标跟踪的基础，只有在节点知道自身位置的情况下，才能以自身为参考，计算目标位置，为目标跟踪系统提供坐标系基础。目前在自组网的定位系统中，大部分依赖GPS，这些系统因而也受到GPS带来的诸多限制，如费用、功耗、信号干扰以及地形制约等。另外，微小的传感器节点能量有限，全部利用GPS设备定位也是不切实际的。一个可行的方法是让网络中少量携带GPS装置的节点作为信标节点，其他节点以这些信标节点为参考计算自身位置。如何利用少量的信标节点去定位其他节点成为研究重点，总地来说，现存的节点定位算法主要分为以两大类：

（1）基于距离的定位算法

基于距离的定位算法包括测量、定位和修正等步骤。常用的测量手段有 TOA、TDOA、AOA、RSSI。当测出以上参数之后可以利用相应的算法计算节点位置。

（2）免测距的定位算法

免测距定位算法是对节点间的距离进行估计，或者确定包含未知节点的可能区域，通过这种方法来确定未知节点的位置。目前，免测距定位算法主要有质心算法、DV Hop 算法、APIT 算法等。

4. 目标探测

目标探测是通过传感器节点感知的环境信息来判断附近是否有目标出现。目标探测是目标跟踪的前提，它涉及监测区域覆盖和节点调度两个方面的内容。

有的算法利用周期性的探测机制实现对覆盖区域的监测。该方法中活动节点在一定范围内广播探测信息并等候一定时间，如果在等待时间内收到其他节点的信息，则该节点进入休眠状态；否则节点就进行监测，直到能量耗尽。Mc-MIP 也是通过对节点工作状态的调节达到延长网络使用寿命的目的，在监测过程中，某些区域的覆盖质量和传感器采集频率要根据具体情况进行调整。

5. 目标跟踪

发现目标以后，需要在一定时间内计算出目标的位置、速度、运行角度等特征量，要根据目标位置的历史数据来估计目标的运动轨迹，推断目标下一时刻可能出现的位置，提前激活该位置附近的节点，使他们进入到工作状态。这不仅要求传感器节点对感知数据进行处理，还要根据不同的任务需求和有限资源选择合适的算法完成目标跟踪。这个过程需要网络中的多个节点协同工作，通过交换感知信息共同确定目标的运动轨迹，并将跟踪结果发送给用户。

3.4.3 几种目标跟踪算法中的节点调度策略

如何在达到指定跟踪精度的条件下最大限度地节约能量是无线传感器网络目标跟踪的主要目的之一。网络的能量消耗主要由监测能耗、通信能耗和处理能耗组成。网络中的传感器节点主要有 5 种工作状态，分别为簇头状态、簇成员状态、等待状态、睡眠状态和死亡状态。其中簇结构内的节点都处于工作状态，这些节点需要进行数据传送，因此消耗的能量最多。无线传感器网络中节点之间的通信距离和处于通信状态的节点数目共同决定了通信能耗的大小，所以减少每一时刻处于工作状态的传感器节点的数目或者缩短需要通信的传感器节点之间的距离，以降低无线传感器网络的能耗。

下面将具体介绍几种主要的无线传感器网络目标跟踪算法中跟踪节点的组织方法。

1. 双元检测协作跟踪

（1）双元检测

双元检测目标跟踪算法中的节点只具备两种工作状态：节点检测到了目标和节点未检测到目标。这种传感器节点的简单模型如图 3-12 所示，图中圆心 O 表示传感器节点，圆的半径 R 代表节点的检测半径，e 代表节点的检测误差。当运动目标与节点 O 之间的长度大于（$R+e$）时，目标不会被节点 O 检测到；距离小于（$R+e$）时，会被节点 O 检测到。当目标距节点的距离介于两者之间时，节点有可能监测到目标，也有可能没有监测到目标。

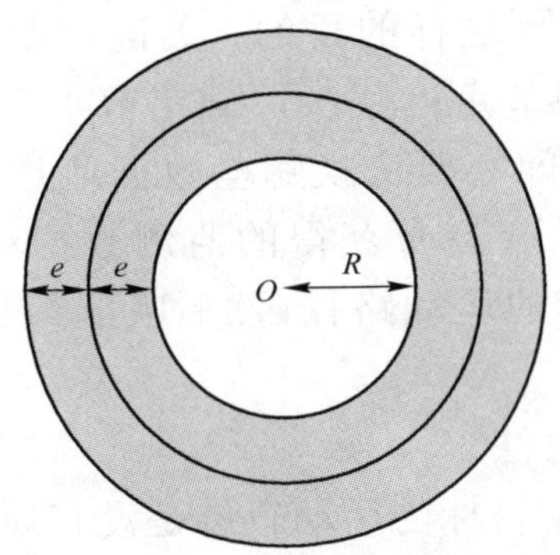

图 3-12　双元检测传感器模型

（2）双元检测目标跟踪算法的过程

双元检测算法中使用的节点可以判断出移动目标是否在该节点的有效监测范围内，但这些节点不具备测距功能。因此，双元检测算法中运动目标位置是通过多个节点共同工作来确定的。若监测区域内节点足够密集，则当移动目标进入监测区域后，会被多个节点检测到，这些节点的检测范围的重叠区域即是移动目标的位置。由此可以看出，监测区域中传感器节点的密度大小决定了测量得到的移动目标的位置是否准确，即密度越大，则测出的位置越准确。双元检测协作目标跟踪的主要步骤如下：

1）当移动目标进入监测区域时，监测到目标的传感器节点唤醒自身的无线通信模块并向自己的相邻节点广播一个消息，告诉相邻节点该节点监测到了目标。消息中包含该节点所处的位置信息和 ID 号。与此同时，该节点记录并存储自身监测到目标的时间。

2）若节点检测到目标出现的同时收到多个节点发送来的消息，则该节点计算目标的所处位置。为了使所得目标位置更加准确，可以把目标在传感器节点内持续的时间当作对应传感器的权值引入计算过程。

3）当移动目标脱离传感器网络的监测范围时，该节点把自身所处的位置信息和检测到目标的时间发送给汇聚节点。汇聚节点根据自身得到的数据进行拟合，从而得出目标的轨迹。

双元检测目标跟踪的优点是跟踪过程中所使用的传感器节点结构简单，缺点是需要在检测区域分布大量节点才可以实现有效跟踪。

2. 信息驱动协作跟踪

无线传感器网络对目标的跟踪通常需要多个节点共同协作。通过选取比较合适的节点进行协同工作能有效减小节点之间的数据通信量，进而降低节点的能耗，延长无线传感器网络生命。协同工作的关键点在于怎样通过传感器节点之间相互交换跟踪数据信息来实现对运动目标轨迹的有效跟踪，与此同时，尽量降低传感器节点的能耗。要想达到这样的目的，关键问题包括以下 3 点：首先，需要确定对运动目标进行跟踪的节点；其次，确定节点需要监测并获得的数据信息；最后，必须确定协作节点之间需要交换哪些数据信息。信息驱动协作跟踪的本质就是参加跟踪的节点充分结合自身获得的监测数据和接收到的网络中其他节点的信息来预测运动目标可能的运动路径，然后唤醒最佳的节点参加下一刻的跟踪过程。

（1）信息驱动协作跟踪算法

在实际应用过程中，移动目标的运动轨迹是没有规律的，此外被跟踪的目标还有可能做减速或加速运动，因此通过提前选择的一些节点对目标进行跟踪得到的结果可能并不理想。例如，跟踪的效率低下，甚至可能发生更加糟糕的情况，即不能对运动目标进行有效的跟踪。因此，部分研究者提出了基于信息驱动的无线传感器网络协作跟踪算法，该算法中参加跟踪的传感器节点可以通过交换监测数据来选取合适的传感器节点来监测运动目标并传递测得的数据。

（2）选择跟踪目标的节点

信息驱动协作跟踪算法的关键研究内容是怎样选择下一时刻用来跟踪目标的节点。如果在跟踪过程中选择了不适宜的传感器节点，则传感器网络有可能会产生不必要的通信代价，甚至可能会丢失运动目标。下一时刻用来跟踪目标的节点的选取要综合考虑多方面的因素，首先，需要考虑节点测量得到的数据对目标跟踪结果所造成的影响。其次，需要考虑怎样用较低的能耗来降低对运动目标位置估计的不确定性。

1）对目标监测精度的评估。综合考虑附近多个传感器节点的测量数据，可以有效降低对运动目标位置估计的不确定性。传感器节点提供的数据可能是冗余的，或者提供的信息可能并不可靠。所以需要找到一个较优的传感器节点子集，然后需要对该子集中的数据进行排序并加入目标位置估计过程。

2）通信代价评估。下一时刻跟踪节点的选取需要充分考虑该节点通信能耗、计算能耗以及感应能耗，其中通信能耗是最重要的部分。一般来说，节点之间的通信能量消耗随距离的减小而降低。因此，为了提高运动目标位置估计的准确性，

同时又降低传感器节点的能量消耗，应选取令运动目标位置估计的不确定性椭圆面积最小的节点担任下一步的跟踪节点。

信息驱动目标跟踪算法的优点是：可以在不降低跟踪精确度的同时提高传感器节点之间有效通信的效率。节点的跟踪精度是节点是否选为跟踪节点的主要依据。在保证节点跟踪精度的同时要尽可能地提高节点的能量利用效率。怎样更好地综合考虑节点的跟踪精度和节点能量利用率是基于信息驱动的跟踪算法的发展趋势。在信息驱动目标跟踪算法中，传感器节点能够自主选取下一个跟踪节点，所以该方法可以减少跟踪运动目标的传感器节点数量。

3. 动态簇结构目标跟踪算法

无线传感器网络中动态簇结构是指在监测目标附近形成的一个传感器节点集合。对于形成的每个局部簇结构来说，它包括一个簇头节点并且仅此一个，其余簇内节点以簇成员的身份连接至簇头，由此形成一个结构即为簇。

（1）动态簇结构

动态簇的簇头节点负责收集簇内所有成员感测到的信息，同时进行数据融合。簇内成员节点负责监测目标并且将采集到的运动目标的数据信息发送到簇内的簇头节点。在每一时间段内，无线传感器网络中只有当前簇内的节点处于工作状态，该动态簇负责运动目标的跟踪。随着目标的移动，动态簇结构可以根据指定的方式自动调整，即动态簇会根据目标的移动动态添加或删除簇内的节点，并且在满足一定条件下重新组织簇结构，以达到簇内节点最优的目的。网络中其余的节点则可以处于休眠状态，以利于网络节能，延长无线传感器网络工作时间。由于在任一时刻，只有运动目标所处位置附近的节点是有效的跟踪节点，所以由这些节点组成的动态簇结构就非常适合于无线传感器网络。

基于动态簇结构的无线传感器网络目标跟踪算法是典型的分布式跟踪算法。分布式跟踪算法的特点是，网络中的传感器节点收集监测所得的数据后通过局部节点（基于动态簇结构的算法中即指簇内的节点）交换测量信息进行处理来达到目标跟踪的目的。相对而言，集中式目标跟踪算法中，传感器节点需要把监测到的信息传送给数据中心处理。

（2）基于动态簇结构的目标跟踪算法

基于动态簇结构的目标跟踪算法的基本过程如下：

1）初始化无线传感器网络。

2）当运动目标进入网络监测区域时，构造初始动态簇结构。

3）动态簇结构随目标的运动调整。

4）当动态簇结构满足重组条件时，重新构造动态簇。

上述步骤是该算法的主要过程。具体每一步如何操作，因实现方案不同而不同。

4. 传送树目标跟踪算法

与基于动态簇结构的跟踪算法一样，传送树跟踪算法也是一种典型的分布式算法。传送树是一种树形结构，由运动目标周围的节点组合而成。它可以根据运动目标的运动方向动态地删除或者添加一些传感器节点。

为了达到降低传感器节点能量消耗的目的，网络采用网格状分簇结构，如图 3-13 所示。各个簇内节点周期性地担任簇头节点。当传感器网络中没有运动目标时，只有担任簇头的节点处于工作状态，其余传感器节点则处于睡眠状态。当移动目标进入传感器网络时，簇头节点负责唤醒自身网格中的其他传感器节点。

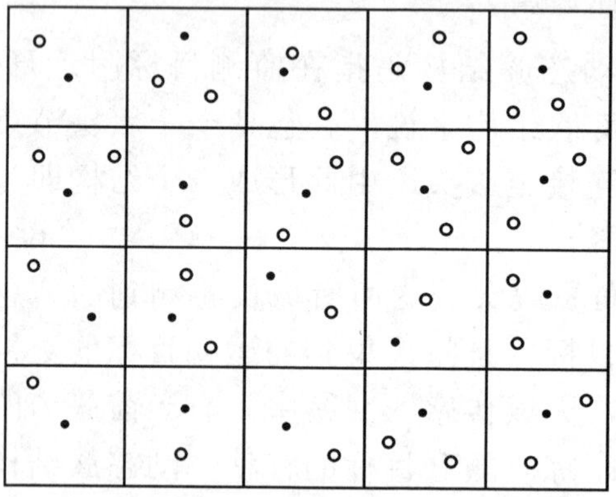

图 3-13　网络划分示意图

传送树目标跟踪算法的关键问题如下所述：当运动目标刚进入监测范围时，需要创建一个初始传送树结构，传送树结构随着运动目标位置的改变进行动态调整；若根节点距离运动目标的距离偏离设定的阈值时，需要重新选择传感器节点担任传送树的根节点并重新创建传送树结构。基于传送树结构的目标跟踪过程与基于动态簇结构的目标跟踪流程基本相同。具体过程如下所述。

（1）构造初始传送树结构

当运动目标刚进入无线传感器网络的监测区域时，距离目标比较近的簇头节点会检测到运动目标，随后，簇头会唤醒自身网格中的其他传感器节点。被唤醒的传感器节点之间相互交换自身到运动目标的距离，并选取距离目标最近的节点担任传送树的根节点。若多个节点到运动目标的距离相同，则可以选择传感器节点编号较小的担任传送树的根节点。

根节点的选择过程如下：首先，处于工作状态的传感器节点都广播一个选举消息给他们的邻居节点，消息中包括本节点的节点编号和本节点离目标的距离。若某个传感器节点在所有邻居节点中离运动目标的距离最短，则选举该传感器节点为传送树根节点的候选节点。剩余处于工作状态的传感器节点放弃根节点竞选，同时选择相邻节点中离运动目标最近的传感器节点作为自己的父节点。然后，选出的多个

根节点候选者广播胜利者消息，该消息中仍然包括自身到运动目标的距离和传感器节点的节点编号。假如一个候选节点收到一个胜利者消息，而且该消息中的信息显示到运动目标的距离比自身节点到目标的距离短，则该节点主动竞选传送树的根节点，与此同时，该节点选择发来消息的节点为自己的父节点。如此不断进行该过程，最终剩余一个距运动目标距离最短的传感器节点作为传送树结构的根节点，其他检测到运动目标的传感器节点此时已经连接至传送树，形成的初始传送树如图 3-14 所示。

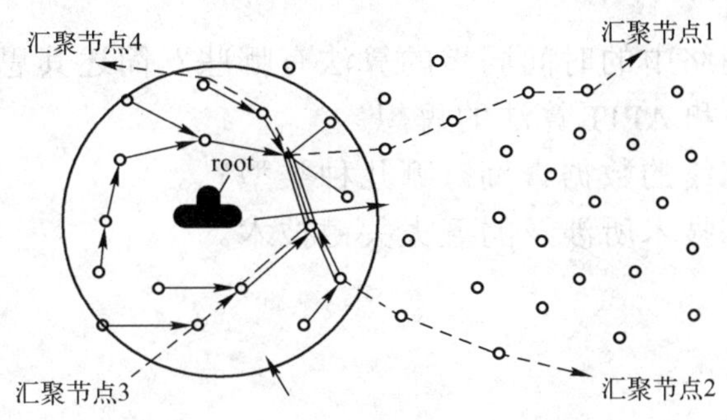

图 3-14 基于传送树结构的目标跟踪

（2）传送树结构的调整

随着运动目标的移动，传送树结构上的部分节点不能够继续监测到移动目标，而处在运动目标移动方向上的一些传感器节点能够检测到目标的存在，因此这些传感器节点需要加入传送树跟踪结构。当传送树上的节点不能检测到运动目标时，它们会向自己的父节点发出通告信息，父节点在接收到该信息后将对应的子节点从传送树结构中删除。怎样确定加入传送树上的节点是一个需要考虑的重要问题，目前学术界已经存在两种方法：预测机制和保守机制。这两种方法的共同点是都需要传送树的根节点计算并得出需要加入传送树的传感器节点。

（3）传送树结构的重新构造

当传送树的根节点距离运动目标超过指定阈值时，传送树结构需要重新构造，这样才能保证对运动目标的有效跟踪。这个阈值取为 $d_m + a \times v_t$。其中 a 表示一个 0～1 的数，v_t 代表运动目标 t 时刻的速度，d_m 是传送树最小的重构距离。

重新构造传送树时，仍然按照上述方法选出距运动目标最近的传感器节点担任新的根节点。新的传送树根节点选出后，需要进行根节点的迁移。当前传送树的根节点只是知道新选出的根节点离运动目标较近，所以当前根节点首先找到运动目标当前的网络单元格，随后向该网络单元格的簇头节点发送信息，提出迁移。簇头节点收到迁移请求消息后，把这个消息转发给新选出的根节点。传送树根节点的变动促使传送树的重新构造，以便于使新的传送树结构的能量消耗最小。这个过程如下所述：新的传送树根节点广播一个重组消息给他自己的临近传感器节点，接收到消息的节点在重组消息中加入自己的位置信息和与根节点之间的通信代价，然后继续广播消息。其余传感器节点接收到重组消息后，等待一段时间以便接收到发送给自己的所有重组消息。接着，每个传感器节点选择与新的根节点通信代价最小的相邻节点担任自己的父节点。该过程完成后，新的传送树结构就形成了。

本章习题

1．无线传感器网络中的时间同步的算法有哪些？简述其思想。
2．简述 DV-Hop 和 APIT 算法的思想。
3．无线传感器网络的数据查询有哪几种类型？
4．简述目标跟踪技术所涉及的五大关键技术。

第4章 安全技术

安全性是无线传感器网络应用的一个重要保障。判断一个无线传感器网络应用是否安全的标准是当无线传感器网络遭受可能的攻击时，它是否依然能够提供用户可接受的服务。

越来越多的无线传感器网络应用对网络的安全性提出了更高的要求，如金融场地保护、水资源污染、森林火灾等，它们都要求感知的数据能够安全而实时地传送到基站，以便让监测方能够根据感知信息，精确快速地做出决策，采取行动。网络的安全性直接影响无线传感器网络的监测性能，对系统的可用性、准确性、可扩展性等方面都有着重要的影响。

与传统的Ad hoc网络相比，无线传感器网络具备一些独特的特征，最大的区别在于无线传感器网络能量高度受限、规模大，导致Ad hoc网络中的安全协议无法直接应用到无线传感器网络中。此外，无线传感器网络的诸多特点也导致了保证无线传感器网络的安全性成为一个困难的问题。首先，节点的通信带宽、计算能力和能量受限，无法执行通信负载、计算负载大的安全算法；其次，无线通信不稳定，容易受周围环境、传输距离、传输速率等多方面的影响；第三，网络动态性强，节点间存在竞争和干扰，严重时甚至引发丢包，导致数据无法可靠地传输到基站；第四，被俘节点和失效节点难以区别；第五，数据源将产生的数据包转发到基站需要经过多跳步路由，数据安全的概率是每跳节点安全传输数据概率的累积，路径越长，安全性越低；第六，无线传感器网络经常被部署在物理上不受保护，甚至敌对区域的区域，节点本身的安全无法得到保证。攻击者可以获得保存在被俘节点中的所有信息。因此，无线传感器网络的安全性是无线传感器网络中一个亟待解决而又具挑战性的问题。针对无线传感器网络的内在特点，研究有效的可靠数据传输方案，在实际应用中具有重要的意义。

4.1 无线传感器网络安全问题概述

无线传感器网络开放性分布和无线广播通信特征决定了它存在着安全隐患，而不同应用背景的无线传感器网络对信息提出了不同的安全需求。无线传感器网络和传统计算机网络一样有安全需求，主要表现为以下几个方面：

（1）机密性（Confidentiality）

要求确保网络节点间传输的重要信息以加密方式进行。在信息传递过程中，授权用户（即通信中合法的收发双方）才有权利用私钥进行解密，非授权用户因无密钥将无法得到正确数据。

（2）完整性（Integrity）

网络节点收到的数据包在传输过程中应该未被恶意插入、删除和篡改，保障数据完整性。

（3）真实性（Authentication）

能够核实消息来源的真实性，即恶意攻击者不可能伪装成一个合法节点而不被识破。

（4）可用性和鲁棒性（Availability & Robustness）

即使部分网络受到攻击，攻击者也不能完全破坏系统的有效工作以及导致整个网络瘫痪。

（5）新鲜性（Freshness）

要求接收方收到的数据包都是最新的而非重放或过时的，保障数据时效性。

（6）授权（Authorization）和访问控制（Access Control）

要求能够对访问无线传感器网络的用户身份进行确认，确保其合法性，即保证只有合法用户才有权访问无线传感器网络相关服务和资源。

（7）不可抵赖性（Non-repudiation）

要求节点具有不能否认已经发送数据包的行为。

（8）保持前向秘密（Forward secrecy）和后向秘密（Backward secrecy）

当一个节点离开网络后，它将不再知晓网络今后发生的相关信息，此为保持前向秘密。而当一个新节点加入传感器网络后，它不应知晓网络以前发生的信息，此为保持后向秘密。

从通信安全和信息安全两方面对无线传感器网络安全技术内容进行了详细描述，上述真实性、完整性和机密性等安全需求都归纳为信息安全范畴。通信安全是信息安全的基础，通信安全保证无线传感器网络数据采集、数据融合和数据传输等基本功能的正常进行，是面向网络基础设施的安全性，通信安全从以下 3 个方面提出了安全需求：

（1）节点安全保证

传感器节点构成了网络的基本单元，由于传感器节点分布密度大，有些应用场景可能是军事上敌占区或无人值守区域，节点容易被俘获。节点的安全性包括节点不易被发现和节点不易被篡改。为防止为敌所用，在某些特殊的应用场景要求节点具备一定抗篡改硬件设施。

（2）被动抵御入侵能力

无线传感器网络安全系统的基本要求是：在网络局部发生入侵的情况下，保证网络的整体可用性。被动防御是指当网络遭到入侵时，网络具备对抗外部攻击和内部攻击能力。

（3）主动反击入侵能力

主动反击入侵能力是指网络安全系统能主动限制入侵行为甚至消灭入侵者，为此需具备入侵检测能力、隔离入侵者能力以及消灭入侵者能力。主动反击入侵能力对网络安全提出了更高的要求。

4.2　无线传感器网络安全分析

无线传感器网络是一种大规模的分布式网络，常常部署于无人维护、条件恶劣的环境当中，且大多数情况下传感器节点都是一次性使用，从而决定了传感器节点是价格低廉、资源极度受限的无线通信设备。大多数无线传感器网络在进行部署前，其网络拓扑是无法预知的，在部署后，整个网络拓扑、传感器节点在网络中的角色也是经常变化的，因而不像有线网、无线网那样能对网络设备进行完全配置。由于对无线传感器节点进行预配置的范围是有限的，因此很多网络参数、密钥等都是传感器节点在部署后进行协商而形成的。无线传感器网络的安全性主要源自两个方面。

1. 通信安全需求

1）节点的安全保证。传感器节点是构成无线传感器网络的基本单元，节点的安全性包括节点不易被发现和节点不易被篡改。无线传感器网络中由于普通传感器节点分布密度大，因此少数节点被破坏不会对网络造成太大影响；但是，一旦节点被俘获，入侵者可能从中读取密钥、程序等机密信息，甚至可以重写存储器将节点变成一个“卧底”。为了防止为敌所用，要求节点具备抗篡改能力。

2）被动抵御入侵能力。无线传感器网络安全系统的基本要求是，在网络局部发生入侵的情况下，保证网络的整体可用性。被动防御是指当网络遭到入侵时，网络具备对抗外部攻击和内部攻击的能力，它对抵御网络入侵至关重要。外部攻击者是指那些没有得到密钥、无法接入网络的节点。外部攻击者虽然无法有效地注入虚假信息，但可以通过窃听、干扰、分析通信量等方式，为进一步的攻击行为收集信息，因此对抗外部攻击首先需要解决保密性问题。其次，要防范能扰乱网络正常运转的简单的网络攻击，如重放数据包等，这些攻击会造成网络性能的下降。最后，要尽量减少入侵者得到密钥的机会，防止外部攻击者演变成内部攻击者。内部攻击者是指那些获得了相关密钥，并以合法身份混入网络的攻击节点。由于无线传感器网络不可能阻止节点被篡改，而且密钥可能会被对方破解，因此总会有入侵者在取得密钥后以合法身份接入网络。同时，由于至少能取得网络中一部分节点的信任，因此内部攻击者能发动的网络攻击种类更多、危害更大、形式也更隐蔽。

3）主动反击入侵的能力。主动反击能力是指网络安全系统能够主动地限制甚至消灭入侵者而需要具备的能力，主要包括以下几种：

① 入侵检测能力。和传统的网络入侵检测相似，首先需要准确地识别出网络内出现的各种入侵行为并发出警报。其次，入侵检测系统还必须确定入侵节点的身份或位置，只有这样才能随后发动有效的攻击。

② 隔离入侵者的能力。网络需要具有根据入侵检测信息调度网络的正常通信来避开入侵者，同时丢弃任何由入侵者发出的数据包的能力。这相当于把入侵者和己方网络从逻辑上隔离开来，以防止它继续危害网络的安全。

③ 消灭入侵者的能力。由于无线传感器网络的主要用途是为用户收集信息，因此让网络自主消灭入侵者是较难实现的。

2. 信息安全需求

信息安全就是要保证网络中传输信息的安全性。就无线传感器网络而言，具体的信息安全需求如下：

1）数据机密性——保证网络内传输的信息不被非法窃听。

2）数据鉴别——保证用户收到的信息来自己方而非入侵节点。

3）数据的完整性——保证数据的传输过程中没有被恶意篡改。

4）数据的时效性——保证数据在时效范围内被传输给用户。

综上所述，无线传感器网络安全技术的研究内容包括两方面的内容，即通信安全和信息安全。通信安全是信息安全的基础，是保证无线传感器网络内部数据采集、融合、传输等基本功能的正常运行，是面向网络基础设施的安全性保障；信息安全侧重于保证网络中所传送消息的真实性、完整性和保密性，是面向用户应用的安全性保障。

4.2.1 安全性目标和挑战

在传统网络技术的发展过程中，我们最初关注的是如何实现稳定、可靠的通信，随着网络技术的成熟与发展，网络安全才逐渐地成为人们关注的焦点。无线传感器网络作为一个新型的网络，在发展的最初就应该考虑到网络所面临的安全威胁，考虑到如何在网络设计中加入安全机制来保障无线传感器网络实现安全地通信。如果在设计网络协议时没有考虑安全问题，而在后来引入和补充安全机制，付出的代价将是昂贵的。

在无线传感器网络中，无论是哪种应用，安全防护都是必不可少的部分。不同的应用则需要不同等级的安全防护，如在环境监测、智能小区中所需的安全防护级

别要求较低，而在军事应用中则需要较高级别的安全防护。虽然无线传感器网络的安全技术研究和传统网络的有着较大的区别，但它们的出发点相同，都需要解决网络数据的保密性（Confidentiality）、完整性（Data Integrity）、安全认证问题（Authentication）、信息新鲜度（Freshness）、可用性（Availability）以及入侵监测和访问控制等问题。然而，遗憾的是无线传感器网络技术在最初形成时却没有考虑安全问题。而无线传感器网络区别于传统网络的众多特点，使传统网络的安全机制无法有效地在传感器网络中部署并发挥作用。

不同应用场景的无线传感器网络，安全级别和安全需求不同，如军事和民用对网络的安全要求不同。无线传感器网络的安全目标及实现该目标的主要技术见表4-1。

表4-1 无线传感器网络安全目标及实现该目标的主要技术

目　标	意　义	主要技术
可用性	确保网络能够完成基本的任务，即使受到攻击，如DoS攻击	冗余、入侵检测、容错、容侵、网络自愈和重构
机密性	保证机密信息不会暴露给未授权的实体	信息加解密
完整性	保证信息不会被篡改	MAC、Hash、签名
不可否认性	信息源发起者不能够否认自己发送的信息	签名、身份认证、访问控制
数据新鲜度	保证用户在指定时间内得到所需要的信息	网络管理、入侵检测、访问控制

要设计适用于无线传感器网络的有效安全机制，就必须针对网络特性以及面临的安全挑战进行考虑：

（1）网络通信信道的开放性

无线传感器网络使用的无线通信信道是开放式的信道。任何人都可以通过使用相同频段的无线通信设备捕获信号的手段，实现对网络通信的监视、窃听甚至哄骗参与。这让攻击者可以轻而易举地对网络发起攻击进行信息窃取和破坏。

（2）网络协议缺乏安全考虑

大多数无线传感器网络协议在设计之初都没有考虑潜在的安全需求。而这些协议的标准在互联网上是公开的，通信协议本身被众所周知，攻击者可以很容易地分析得出协议的安全漏洞并加以利用。

（3）网络资源高度受限

由于无线传感器网络资源受到高度限制，使得功能强大、算法复杂的安全机制很难应用。例如，对于加密技术，在大多数情况下，对称密钥加密技术是设计无线传感器网络安全加密协议的首选，尽管使用非对称密钥加密能够对系统的安全性做出更多的优化。此外，无线传感器网络节点数目众多，要求设计出来的安全机制必须简单、灵活、方便扩展。然而在无线传感器网络资源严重受限的条件下设计这样的安全机制又非常困难，性能强大的安全机制必然会提高网络的开销，导致网络应用性能的下降。权衡网络应用的性能和安全性，无线传感器网络安全机制的设计必须有所折中，在这种情况下设计出来的安全机制有可能很轻易地被攻击者找到弱点进行突破。

（4）网络部署环境的特殊性

无线传感器网络常常部署在极端恶劣的环境甚至是敌方管辖区域中，没有固定的网络基础设施，缺乏相应的物理保护。网络节点一旦部署，对网络的监视工作和物理操作很难持续。这样便大大地增加了网络出现故障或是遭遇攻击的可能性。

网络的安全需求通常源于对攻击的抵御，安全的最大威胁之一也是网络攻击。攻击者为了达到破坏通信窃取敏感信息的目的，发明了许多种针对无线传感器网络的特有攻击手段。因此，要保障网络安全就必须考虑攻击防御。目前，针对无线传感器网络的路由协议也比较多，在安全路由方面主要是采用对广播的路由信息进行机密性和完整性的认证。

4.2.2 安全体系结构

无线传感器网络容易受到各种攻击，存在许多安全隐患。目前，比较通用的无线传感器网络安全体系结构如图 4-1 所示。无线传感器网络协议栈由硬件层、操作系统层、中间件层和应用层构成。其安全组件分别为：安全原语、安全服务和安全应用三层组件，还有各种攻击和安全防御技术存在于上述三层中的各个层。

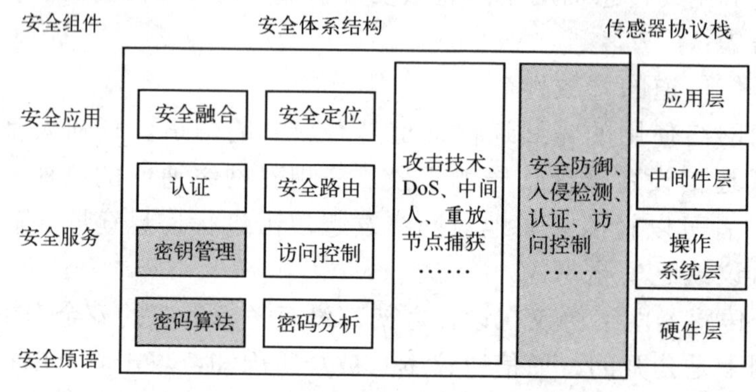

图 4-1　无线传感器网络安全体系结构图

安全路由协议就是抵制敌人利用路由信息而获取相应的知识来对网络实施攻击，对路由信息要进行相应的认证，必要时采用多径方式来避免敌人的攻击，保证网络路由协议的顽健性。

安全中间件为网络和应用之间提供中间桥梁，封装了相应的安全组件，为应用的开放提供可信的开发环境。需要保证安全中间件的可靠性。

入侵检测模块也是贯穿各个层次，其主要功能是及时发现传感器网络的异常，并及时给予相应的处理。

4.3　无线传感器网络协议栈的安全

无线传感器网络是由成千上万的传感器节点大规模随机分布而形成的具有信息收集、传输和处理功能的信息网络，通过动态自组织方式协同感知并采集网络覆盖区域内被查询对象或事件的信息，用于决策支持和监控。

由于无线传感器网络无中心管理点，网络拓扑结构在分布完成前是未知的；无线传感器网络一般分布于恶劣环境、无人区域或敌方阵地，无人参与值守，传感器节点的物理安全不能保证，不能够更换电池或补充能量；无线传感器网络中的传感器都使用嵌入式处理器，其计算能力十分有限；无线传感器网络一般采用低速、低功耗的无线通信技术，其通信范围、通信带宽均十分有限；传感器节点属于微元器件，只有非常小的代码存放空间，这些特点对无线传感器网络的安全与实现构成了挑战。目前，传感器网络在网络协议栈的各个层次中可能受到的攻击方法和防御手段见表 4-2。

表 4-2　无线传感器网络攻防手段

网络层次	攻击方法	防御手段
物理层	干扰攻击	宽频、优先级消息、区域映射、模式转换
	物理破坏	破坏感知、节点伪装和隐藏
	篡改破坏	消息认证
链路层	碰撞攻击	纠错码
	耗尽攻击	设置竞争门限
	非公平竞争	使用短帧策略和非优先级策略
网络层	伪造路由信息	认证、监测、冗余机制
	黑洞攻击	认证
	Sybil 攻击	认证
传输层	泛洪攻击	客户端谜题
	异步攻击	认证

4.3.1　物理层的攻击与安全策略

物理层协议负责频率选择、载波频率产生、信号探测、调制和数据加密。无线传感器网络使用基于无线电的媒介，所以干扰攻击容易发生在无线传感器网络中。无线传感器网络中的节点往往被部署在不安全的地区，节点物理安全得不到保障，因此无线传感器网络在物理层容易遭受两类攻击。

（1）干扰攻击

干扰攻击的攻击方式是干扰无线传感器网络中节点所使用的无线电频率。不同干扰源的破坏力是不同的，既可能影响整个网络，也可能只干扰网络中的一个小区域。即使只使用破坏力较小的干扰源，如果这些干扰源是随机地分布在网络的各处，攻击者依然有可能破坏整个网络。典型的防御干扰攻击的方法包括各种扩频通信方式，如跳频扩频和编码扩频。

跳频扩频就是根据发送者和接收者都知道的伪随机数列，快速地在多个频率中进行切换。攻击者由于不知道跳频的规律，所以无法一直干扰通信。但由于可用的频率是有限的，所以在实际应用中攻击者可以干扰到所使用的频率带宽的绝大部分。

编码扩频的设计复杂度十分高，而且能量开销大。这些缺点限制了它在无线传感器网络的应用。通常为了降低节点成本和能量开销，传感器节点一般使用单频的通信方式，所以对于干扰攻击的抵抗力很弱。

（2）物理破坏

因为传感器节点往往分布在一个很大的区域内，所以保证每个节点的物理安全是不可能的。敌人很可能俘获一些节点，对其进行物理上的分析和修改，并利用它干扰网络的正常功能；甚至可以通过分析器内部敏感信息和上层协议机制，破解网络的安全外壳。针对无法避免的物理破坏，需要传感器网络采用更精细的控制保护机制。

1）增加物理损害感知机制。节点能够根据其收发数据包的情况、外部环境的变化和一些敏感信号的变化，判断是否遭受物理侵犯。例如，当传感器节点上的位移传感器感知自身位置被移动时，可以作为判断它可能遭到物理破坏的一个要素。节点在感知到被破坏以后，就可以采用具体的策略，如销毁敏感数据、脱离网络、修改安全处理程序等。这样，敌人将不能正确地分析系统的安全机制，从而保护了网络剩余部分的节点免受安全威胁。

2）对敏感信息进行加密存储。现代安全技术依靠密钥来保护和确认信息，而不是依靠安全算法。所以对通信的加密密钥、认证密钥和各种安全启动密钥需要严密的保护。对于破坏者来说，读取系统动态内存中的信息比较困难，所以他们通常采用静态分析系统的方法来获取非易失存储器中的内容。因此，在实现时，敏感信息尽量存放在易失存储器上。如果不可避免地要存储在非易失存储器上，则必须首先进行加密处理。

（3）篡改攻击

由于攻击者可以捕获节点，所以攻击者可以知道节点上所保存的任何信息，如密钥。利用这些信息，攻击者可以制造出具有合法身份的恶意节点。要识别出这些合法的恶意节点所发出的报文，仅仅使用数字签名机制是不够的，还需要其他方法的配合。

4.3.2 链路层的攻击与安全策略

链路层负责管理数据的多路复用、数据帧的探测、介质存取和纠错控制。它保证网络中点对点、单点对多点的可靠连接。针对链路层的攻击包括有意冲突、节点的资源耗尽和信道的不公平竞争。

（1）碰撞攻击

无线网络的承载环境是开放的，两个邻居节点同时发送信息导致信号相互重叠而不能被分离，从而产生碰撞。只要有一个字节产生碰撞，整个数据包均被丢弃。

解决碰撞的方法有：一是使用纠错编码技术，通过在数据包中增加冗余信息来纠正数据包中的错误位；二是使用信道监听和重传机制，通过监听信道，当信道为空闲时才发送信息，从而降低碰撞的概率。

（2）耗尽攻击

攻击者可以通过重复的冲突来耗尽节点资源。不断地发送数据冲突将引起节点不断地重发数据，从而耗尽节点的能量。耗尽攻击就是利用协议漏洞，通过持续通信的方式使节点能量资源耗尽。例如，利用链路层的错包重传机制，使节点不断重复发送上一个数据包，最终耗尽节点的资源。

应对耗尽攻击的一个方法就是限制网络的发送速度，节点自动抛弃那些多余的数据请求，但是这样会降低网络的效率；另一种方法就是在协议实现时制定一些执行策略，对过度频繁的请求不予理睬，或者对数据包的重传次数进行限制，避免恶意节点无休止的干扰导致能量耗尽。

（3）非公平竞争

如果忘了数据包通信机制中存在优先级控制，恶意节点或是被俘获节点可能被用来不断发送高优先级的数据包，占据通信信道，使其他节点在通信过程中处于劣势。

这是一种弱 DoS 攻击方式，需要敌方完全了解传感器网络的 MAC 协议机制，并利用 MAC 协议进行干扰性攻击。一种缓解的办法就是采用短包策略，即在 MAC 层中不允许使用过长的数据包，这样可以缩短每个包占用信道的时间；另一种方法就是弱化优先级之间的差异，或者不采取优先级策略，而采用竞争或时分复用的方式实现数据传输。

4.3.3 网络层的攻击与安全策略

网络层负责数据路由的确定。能量高效是网络层协议设计的首要目标。针对网络层的攻击方式有伪造路由信息、选择性转发、黑洞攻击和 Sybil 攻击。

要进行网络层的攻击，敌方必须要对网络的物理层、链路层及网络层完全了解。网络层的攻击包括丢弃和贪婪破坏、方向误导攻击、汇聚节点攻击和黑洞攻击等。

由于网络层攻击的特点，这里假设敌方已经通过俘获网络中物理节点进行了详细的代码分析，或通过其他手段获得了网络细节，并制作了一些使用同样通信协议单安插了恶意代码的节点，将这些节点布置在目标网络中，成为网络的一部分。

（1）伪造路由信息

破坏路由协议的最直接方法是针对路由信息本身。攻击者可以伪造路由信息来破坏网络中数据的转发。伪造路由信息的方式有篡改路由、欺骗路由和重放路由由 3 种。前两种方式可以通过对路由信息加签名来防御，第三种可以通过在消息中加计数值或时间戳来防御。

（2）选择性转发

恶意节点对接收到的报文选择一部分正常转发，剩下的直接丢弃。这种攻击的隐蔽性很强一般很难发现。一般只能把它看成通信环境差，不过可以采用多路冗余传送的方式来降低攻击者这种攻击的危害。

（3）黑洞攻击

基于距离向量的路由机制通过路径长短进行选路，这样的策略容易被恶意节点利用。通过发送零距离公告，恶意节点周围的节点会把所有的数据包都发送到恶意节点，而不能到达正确的目标，从而在网络中形成一个路由黑洞。通信认证、多路径路由等方法可以抵御黑洞攻击。

（4）Sybil 攻击

在 Sybil 攻击中，一个恶意节点扮演几个节点。那些容错协议、网络拓扑维护协议和分布存储协议都很容易遭受此类攻击。例如，一个分布式存储协议需要保持同一数据的 3 个副本来保持系统所要求的冗余度，但在 Sybil 攻击下，它可能只能保持一个数据副本。要抵御 Sybil 攻击，必须采用对节点身份进行确认的机制。

4.3.4 传输层和应用层的安全策略

传输层负责管理端到端的链接。泛洪攻击和异步攻击是针对这个层次的主要攻击手段。

（1）泛洪攻击

对于需要维持链接两端节点状态的协议，泛洪攻击可以用来耗尽那些节点的内存空间。攻击者可以重复地发送新的链接请求，一直到被请求节点的资源被耗尽或链接数到了最大值。此时其他的合法请求将被忽略。

解决这个问题可以采用客户端迷题技术。它的思路是在建立新的连接前，服务节点要求客户节点解决一个迷题，而合法节点解决迷题的代价远远小于恶意节点的解题代价。

（2）异步攻击

异步攻击是指攻击者破坏目前已经建立的链接。一个攻击者可以反复地向接收

节点发送欺骗信息，使得接收节点要求发送节点重传丢失的帧。如果时间标记准确，攻击者可以降低甚至完全破坏接收节点交换数据的能力。

一种防御异步攻击的手段是要求在交换的数据包时进行双方节点身份确认，但由于无线传感器网络中节点的物理安全得不到保障，所以节点使用的身份确认机制也可能被攻击者知道，从而无法判断数据的真假。

4.4 密钥管理

无线传感器网络集传感器技术、通信技术于一体，拥有巨大的应用潜力和商业价值。密钥管理是无线传感器网络安全研究最为重要、最为基本的内容，有效的密钥管理机制是其他安全机制（如安全路由、安全定位、安全数据融合及针对特定攻击的解决方案等）的基础。

无线传感器网络密钥管理的需求分为两个方面：安全需求和操作需求。安全需求是指密钥管理为无线传感器网络提供的安全保障；操作需求是指在无线传感器网络特定的限制条件下，如何设计和实现满足需求的密钥管理协议。无线传感器网络密钥管理的安全需求包括机密性、完整性、新鲜性、可认证、健壮性、自组织、可用性、时间同步和安全定位等。此外，无线传感器网络密钥管理还需满足一定的操作需求，如可访问，即中间节点可以汇聚来自不同节点的数据，邻居节点可以监视事件信号，避免产生大量冗余的事件检测信息；适应性，节点失效或被俘获后应能被替换，并支持新节点的加入；可扩展，能根据任务需要动态扩大规模。

安全管理的核心问题就是安全密钥的建立过程。传统解决密钥协商过程的主要方法有信任服务器分配模型、自增强模型和密钥预分配模型。信任服务器模型使用专门的服务器完成节点之间的密钥协商过程，如Kerberos协议；自增强模型需要非对称密码学的支持，而非对称密码学的很多算法无法在计算能力非常有限的传感器网络上实现；密钥预分配模型在系统部署之前完成大部分安全基础的建立，对于系统运行后的协商工作只需要简单的协议过程,所以特别适合传感器网络的安全引导。目前，主流的密钥预分配模型为共享密钥引导模型、基本随机密钥预分配模型、q-composite随机密钥预分配模型和随机密钥对模型。在介绍安全引导模型之前，首先引入一个新的概念——安全连通性。安全连通性是根据通信连通性提出来的。通信连通性主要是指在无线通信各个节点与网络之间的数据互通性，安全连通性主要是指网络建立在安全通道上的连通性。在通信连通的基础上，节点之间进行安全初始化建立，或者说各个节点根据预共享知识建立安全通道。如果建立的安全通道能够把所有的节点连成一个网络，则认为该网络是安全连通的。安全连通的网络一定是通信连通的，反过来不一定成立。

评价密钥管理方案的好坏不能仅仅依据方案提供保密能力的程度，还必须要满足一定的标准以使它在遭遇敌手攻击时是仍然有效的。这种效能就是传感器网络的三R标准：抵抗能力（Resistance）、撤销能力（Revocation）和恢复能力（Resilience）。

（1）抵抗能力

攻击者可能捕获网络中部分节点，然后复制这些节点重新投放到网络中去。通过这种方式攻击网络，攻击者用复制的节点移植到全部网络，从而获得对整个网络的控制。一个好的密钥管理方案需要能够抵制节点复制，从而抵抗这种攻击。

（2）撤销能力

如果某个传感器网络被攻击者入侵，密钥管理技术要能够提供一个有效的方法来废除那些被捕获的节点。这种方法必须是轻量级的，不能占用太多已经十分有限的通信容量。

（3）恢复能力

如果传感器网络中某个节点被捕获，密钥管理方案要能够确保其他节点上面的秘密信息不被泄露。一个方案的恢复能力可以通过被捕获节点的总数以及网络中被捕获的通信的比例来衡量。网络恢复能力同样意味着方便地将新插入节点加入安全通信。

4.4.1 预共享密钥分配模型

预共享密钥是最简单的一种密钥建立过程。SPINS[⊖]就是使用这种密钥建立模式的。预共享密钥有以下几种主要的模式。

（1）每对节点之间都共享一个主密钥

这种方式保证每个节点之间的通信都可以使用这个预共享密钥衍生出来的密钥进行加密。该模式要求每个节点都存放与其他所有节点的共享密钥。这种模式的优点如下：不依赖于基站、计算复杂度低、引导成功率为100%；任何节点之间共享的密钥是独享的，其他节点不知道。但是这种模式的缺点也是显然的：扩展性不好、无法加入新的节点，除非重建网络；网络免疫力很低，一旦一个节点被俘，敌人将很容易使用该节点获得与所有节点之间的秘密，并通过这些秘密破坏整个网络；支持的网络规模小，每个传感器节点都必须存储与所有节点共享的密钥，如网络的规模为 n 个节点，每个节点都至少要存储 n-1 个密钥。如果考虑到各种衍生密钥的存储，整个网络的密钥存储的开销是非常庞大的。

（2）每个普通节点与基站之间共享一对主密钥

这样每个节点需要存储密钥的空间将非常小，计算和存储压力全部集中在基站上。该模式的优点如下：计算复杂度低，对普通节点资源和计算能力要求不高；

⊖ SPINS 安全协议框架是最早的无线传感器网络安全框架之一，包括 SNEP（Secure Network Encryption Protocol）和 μTESLA（micro Timed Efficient Streaming Loss-tolerant Authentication Protocol）两个部分。

引导成功率高，只要节点都能够连接到基站就能够进行安全通信；支持的网络规模取决于基站的能力，可以支持上千个节点；对于异构节点基站可以进行识别，并及时将其排除在网络之外。其缺点如下：过分依赖基站，如果节点被俘，会暴露与基站的共享密钥，而基站被俘，则整个网络被攻破。所以，要求基站被部署在安全的位置；整个网络通信或多或少地都要经过基站，基站可能成为网络的瓶颈，如果基站能够动态更新，则网络能够扩展新节点，否则将无法扩展。这种模式对于收集性网络比较有效，因为所有的节点都是与基站直接相联系；而对于协同性网络，如用于目标跟踪的应用网络，效率会比较低。在协同性网络的应用中，数据要安全地在各个节点之间通信，一种就是通过基站，但会造成数据拥塞；另一种方法是要通过基站建立点到点的安全通道。对于通信对象变化不大的情况下，建立点到点的安全通道的方式还能够进行正常的工作；如果通信对象频繁切换，安全通道的建立过程会严重影响网络的运行效率。另外一个问题就是在多跳网络的环境下，它对于 DoS 攻击没有任何的防御能力。在节点和基站之间的通信过程中，中间转发节点没有办法对信息包进行任何认证判断，只能透明转发。恶意节点可以利用这一点伪造各种错误数据包发送给基站，因为中间节点是透明转发数据包只有到达基站才能够被识别出来。

预共享密钥引导模型虽然有很多不尽如人意的地方，但因其实现简单，所以在一些网络规模不大的应用中可以得到有效的实施。

4.4.2 随机密钥预分配模型

解决 DoS 攻击的最基本方式就是实现逐跳认证，或者说每一对相邻的通信节点之间传递的数据都能够进行有效性认证。这样，一个数据包在每对节点之间转发都可以进行一次认证过程，恶意节点的 DoS 攻击包会在刚刚进入网络时就被丢弃。

实现点到点安全最直接的办法是预共享密钥引导模型中的点到点共享安全秘密的模式。不过这种模式对节点资源要求过高，事实上并不要求任何两个节点之间都共享秘密，而是能够在直接的通信节点之间共享秘密就可以了。由于缺乏后期节点部署的先验知识，传感器网络在部署节点时并不知道哪些节点会与该节点直接通信，所以这种确定的预共享密钥模式就必须在任何可能建立通信的节点之间设置共享密钥。

1. 基本随机密钥预分配模型

基本随机密钥预分配模型是 Eschenauer 和 Gligor 首先提出来的，目的是保证在任意节点之间建立安全通道的前提下，尽量降低模型对节点资源的要求。其基本的思想是：生成一个比较大的密钥池，任何节点都拥有密钥池中的一部分密钥，只要节点之间拥有一对相同的密钥就可以建立安全通道。如果存放密钥池的全部的密钥，则基本密钥预分配模型就退化成点到点的预共享模型。

Eschenauer 和 Gligor 提出的密钥预分配模型不但满足实际的可操作性，而且满足分布式传感器网络的安全需求。这个模式包括传感器密钥的选择性分发和注销，以及在不需要充足的计算和通信能力的前提下的节点密钥的重置。这个模型依赖节点之间随机曲线的概率密钥共享，以及使用一个简单的密钥共享、发现和密钥路径建立的协议，可以方便地进行密钥的撤销、重置和增加节点。基本随机密钥预分配模型的具体实施过程如下：

1）在一个比较大的密钥空间中为一个传感器网络选择一个密钥池 S，并为每个密钥分配一个 ID。在进行节点部署前，从密钥池 S 中选择 m 个密钥存储在每个节点中。这 m 个密钥称为节点的密钥环。m 大小的选择要保证两个都拥有 m 个密钥的节点存在相同密钥的概率大于一个预先设定的概率 p。

2）节点布置好以后，节点开始进行密钥发现过程。节点广播自己密钥环中所有密钥的 ID，寻找那些和自己有共享密钥的邻居节点。不过使用 ID 的一个弊端就是敌人可以通过交换的 ID 分析出安全网络拓扑，从而对网络造成威胁。解决这个问题的一个方法就是使用 Merkle 谜题来完成密钥的发现。Merkle 谜题的技术基础是正常的节点之间解决谜题要比其他人容易。任意两个节点之间通过谜题交换密钥，它们可以很容易判断出彼此是否存在相同密钥，而中间人却无法判断这一结果，也就无法构建网络的安全拓扑。

3）根据网络的安全拓扑，节点和那些与自己没有共享密钥的邻居节点建立安全通信密钥。节点首先确定到达该邻居节点的一条安全路径，然后通过这条安全路径与该邻居节点协商一对路径密钥。未来这两个节点之间的通信将直接通过这一对路径密钥进行，而不再需要多次的中间转发。如果安全拓扑是连通的，则任何两个节点之间的安全路径总能找到。

基本随机密钥预分配模型是一个概率模型，可能存在这样的节点或者一组节点，它们和它们周围的节点之间没有共享密钥，所以不能保证通信连通的网络一定是安全连通的。影响基本密钥预分配模型的安全连通性的因素有：密钥环的尺寸 m、密钥池 S 的大小 $|S|$ 以及它们的比例、网络的部署密度（或者说是网络的通信连通度数）、布置网络的目标区域状况。$m/|S|$ 越大，则相邻节点之间存在相同密钥的可能性越大。但 m 太大会导致节点资源占用过多，$|S|$ 太小或者 $m/|S|$ 太大导致系统变得脆弱，这是因为当一定数量的节点被俘获以后，敌方人员将获得系统中绝大部分的密钥，导致系统的秘密彻底暴露。$|S|$ 的大小与网络的规模也有紧密的关系。网络部署密度越高，则节点的邻居节点越多，能够发现具有相同密钥的概率就会比较大，整个网络的安全连通概率也会比较高。对于网络布置区域，如果存在大量物理通信障碍，不连通的概率会增大。为了解决网络安全不连通的问题，传感器节点需要完成一个范围扩张过程。该过程可以是不连通节点通过增大信号传输功率，从而找到更多的邻居，

增大与邻居节点共享密钥概率的过程；也可以是不连通节点与两跳或者多跳以外的节点进行密钥发现的过程（跳过几个没有公共密钥的节点）。范围扩张过程应该逐步增加，直到建立安全连通图为止。多跳扩张容易引入 DoS 攻击，因为无认证多跳会给敌人可乘之机。

网络通信连通度的分析基于一个随即图 $G(n,p_1)$，其中 n 为节点个数，p_1 是相邻节点之间能够建立安全链路的概率。根据 Erdos 和 Renyi 对于具有单调特性的图 $G(n,p_1)$ 的分析，有可能为途中的顶点（vertices）计算出一个理想的度数 d，使得图的连通概率非常高，达到一个指定的门限 c（如 c=0.999）。Eschenauer 和 Gligor 给出规模为 n 的网络节点的理想度数如下式：

$$d=\left(\frac{n-1}{n}\right)\times\left(\ln n-\ln\left(-\ln c\right)\right) \tag{4-1}$$

对于一个给定密度的传感器网络，假设 n' 是节点通信半径内邻居个数的期望值，则成功完成密钥建立阶段的概率可以表示为

$$p=\frac{d}{n'} \tag{4-2}$$

诊断网络是否连通的一个实用方法是通过检查它能不能通过多跳连接到网络中所有的基站上，如果不能，就启动范围扩张过程。

随机密钥预分配模型和基站预共享密钥相比，有很多优点，主要表现在以下几个方面：

1）节点仅存储密钥池中的部分密钥，大大降低了每个节点存放密钥的数量和空间。

2）更适合于解决大规模的传感器网络的安全引导，因为大网络有相对比较小的统计涨落。

3）点到点的安全信道通信可以独立建立，减少网络安全对基站的依赖，基站仅仅作为一个简单的消息汇聚和任务协调的节点。即使基站被俘，也不会对整个网络造成威胁。

4）有效地抑制 DoS 攻击。

2．q-composite 随机密钥预分配模型

在基本模型中，任何两个邻居节点的密钥环中至少有一个公共的密钥。Chan-Perring-Song 提出了 q-composite 模型。该模型将这个公共密钥的个数提高到 q，提高 q 值可以提高系统的抵抗力。攻击网络的攻击难度和共享密钥个数 q 之间呈指数关系。但是要想使安全网络中任意两点之间的安全连通度超过 q 的概率达到理想的概率值 p（预先设定），就必须缩小整个密钥池的大小、增加节点间共享密钥的交叠度。但密钥池太小，会使敌人通过俘获少数几个节点就能获得很大的密钥空间。寻找一个最佳的密钥池的大小是本模型的实施关键。

q-composite 随机密钥预分配模型和基本模型的过程相似，只是要求相邻节点的公共密钥数要大于 q。在获得了所有共享密钥信息以后，如果两个节点之间的共享密钥数量超过 q，为q'个，那么就用所有q'个共享密钥生成一个密钥，作为两个节点之间的共享主密钥。Hash 函数的自变量的密钥顺序是预先议定的规范，这样两个节点就能计算出相同的通信密钥。

q-composite 随机密钥预分配模型中密钥池的大小可以通过下面的方法获得。

假设网络的连通概率为 C，每个节点的全网连通度的期望值为n'。根据式（4-1）和式（4-2），可以得到任何给定节点的连通度期望值 d 和网络连通概率 p。设任何两个节点之间共享密钥个数为 i 的概率为 $p(i)$，则任意节点从$|S|$个密钥池中选取 m 个密钥的方法有 $C(|S|,m)$ 种，两个节点分布选取 m 个密钥的方法数为 $C^2(|S|,m)$ 个。假设两个节点之间有 i 个共同的密钥，则有 $C(|S|,m)$ 种方法选出相同密钥，另外 $2(m-i)$ 个不同的密钥从剩下的 $|S|-i$ 个密钥中获取，方法数为 $C(|S|-i,2(m-i))$。于是有：

$$p(i)=\frac{C(|S|,i)C(|S|-i,2(m-i))C(2(m-i),(m-i))}{C^2(|S|,m)} \tag{4-3}$$

用 p_c表示任何两个节点之间存在至少 q 个共享密钥的概率，则有：

$$p_c=1-(p(0)+p(1)+p(2)+\cdots+p(q-1)) \tag{4-4}$$

根据不等式 $p_c \geqslant p$ 计算最大的密钥池尺寸$|S|$。q-composite 随机密钥预分配模型相对于基本随机密钥预分配模型对节点被俘有很强的自恢复能力。规模为 n 的网络，在有 x 个节点被俘获的情况下，正常的网络节点通信信息可能被俘获的概率如式（4-5）所示：

$$P=\sum_{i=q}^{m}\left(\left(1-\left(1-\frac{m}{|S|}\right)^x\right)^i \times \frac{p(i)}{p}\right) \tag{4-5}$$

q-composite 随机密钥预分配模型因为没有限制节点的度数，所以不能够防止节点的复制攻击。

3. 多路径密钥增强模型

假设初始密钥建立完成（用基本模型），很多链路通过密钥链中的共享密钥建立安全链接。密钥不能一成不变，使用了一段时间的通信密钥必须更新。密钥的更新可以在已有的安全链路上更新，但是存在危险。假设两个节点间的安全链路都是根据两个节点间的公共密钥 K 建立的，根据随机密钥分布模型的基本思想，共享密钥 K 很可能存放在其他节点的密钥池中。如果对手俘获了部分节点，获得了密钥 K，并跟踪了整个密钥时的所有信息，它就可以在获得密钥K以后解密密钥的更新信息，从而获取新的通信密钥。

为此，Anderson 和 Perring 提出多路径密钥增强的思想。多路径密钥增强模型是

在多个独立的路径上进行密钥更新。假设有足够的路由信息可用，以至于节点 A 知道所有的到达 B 节点跳数小于 h 的不相交路径。设 A、N_1、N_2、…、N_i、B 是在密钥建立之初建立的一条从 A 到 B 的路径。任何两点之间都有公共密钥，并设这样的路径存在 j 条，且任何两条之间不交叉（disjiont）。产生 j 个随机数 v_1、v_2、……、v_j，每个随机数与加解密密钥有相同的长度。A 将这 j 个随机数通过 j 条路径发送到 B。B 接收到这 j 个随机数将它们异或之后，作为新密钥。除非对手能够掌握所有的 j 条路径才能够获得密钥 K 的更新密钥。使用这种算法，路径越多则安全度越高，但路径越长安全度越差。对于任何一条路径，只要路径中的任一节点被俘获，则整条路径就等于被俘获了。考虑到长路径降低了安全性，所以一般只研究两跳的多路径密钥增强模型，即任何两个节点间更新密钥时，使用两条安全链路，且任何一条路径只有两跳的情况。此时，通信开销被降到最小，A 和 B 之间只需要交换邻居信息，并且两跳不可能存在路径交叠问题，降低了处理难度。

多路增强一般应用在直连的两个节点之间。如果用在没有共享密钥的节点之间，会大大降低因为多跳带来的安全隐患。但多路径增强密钥模型增加了通信开销，是不是划算要看具体的应用。密钥池大小对多路径增强密钥模型的影响表现在，密钥池小会削弱多路径密钥增强模型的效率，因为敌方人员容易收集到更多的密钥信息。

4. 随机密钥对模型

随机密钥对模型是 Chan-Perring-Song 等人提出共享的又一种安全引导模型。它的原型始于共享密钥引导中的节点共享密钥模式。节点密钥模式是在一个 n 个节点的网络中，每个节点都存储于另外 n-1 个节点的共享密钥，或者说任何两个节点之间都有一个独立的共享密钥。随机密钥对模型是一个概率模型，它不存储所有 n-1 个密钥对，而只存储于一定数量节点之间的共享密钥对，以保证节点之间的安全连通的概率 p，进而保证网络的安全连通概率达到 c。式（4-6）给出了节点需要存储密钥对的数量 m。从式中可以看出，p 越小，则节点需要存储的密钥对越少。所以对于随机密钥对模型来说，要减少密钥存储给节点带来的压力，就需要在给定网络的安全连通概率 c 的前提下，计算单对节点的安全连通概率 p 的最小值。单对节点安全连通概率 p 的最小值可以通过式（4-1）和式（4-2）计算。

$$m=np \tag{4-6}$$

如果给定节点存储 m 个随机密钥对，则能够支持的网络大小为 $n=m/p$。根据连通度模型，p 在 n 比较大的情况下可能会增长缓慢。n 随着 m 的增大和 p 的减小而增大，增大的比率取决于网络配置模型。与上面介绍的随机密钥预分配模型不同，随机密钥对模型没有共享的密钥空间和密钥池。密钥空间存在的一个最大的问题就是节点中存放了大量使用不到的密钥信息，这些密钥信息只在建立安全通道和维护安全通道时用得到，而这些冗余的信息在节点被俘时会给攻击者提供大量的网络敏感信息，使得网络对节点被俘的抵御力非常低。密钥对模型中每个节点存放的密钥具有本地特性。也就是说，所有的密钥都是为节点本身独立拥有的，这些密钥只在与其配对的节点中存在一份。这样，如果节点被俘，它只会泄露和它相关的密钥以及它直接参与的通信，不会影响到其他节点。当网络感知到节点被俘时，可以通知与其共享密钥对的节点将对应的密钥对从自己的密钥空间中删除。

为了配置网络的节点对，引入了节点标识符ID空间的概念，每个节点除了存放密钥外，还要存放与该密钥对应的节点标识符。有了节点标识符的概念，密钥对模型能够实现网络中的点到点的身份认证。任何存在密钥对的节点之间都可以直接进行身份认证，因为只有它们之间才存在有这个密钥对。点到点的身份认证可以实现很多安全功能，如可以确认节点的唯一性，阻止复制节点加入网络。

随机密钥对模型的初始化过程如下，这里假设网络最大容量为 n 个节点：

1）初始配置阶段。为可能的 n 个独立节点分配唯一节点标识符。网络的实际大小可能比 n 小。不用的节点标号在新的节点加入到网络中时使用，以提高网络的扩展性。每个节点标识符和另外 m 个随机选择的不同节点标识符相匹配，并且为每对节点产生一个密钥对，存储在各自的密钥环中。

2）密钥建立的后期配置阶段。每个节点 i 首先广播自己的 ID_i 给它的邻居，邻居节点在接收到来自 ID_i 的广播包以后，在密钥环中查看是否与这个节点共享密钥对。如果有，通过一次加密的握手过程来确认本节点确实和对方拥有共享密钥对。例如，节点 A 和 B 之间存在共享密钥，则它们之间可以通过下面的信息交换完成密钥的建立：

$$\begin{aligned}
&A \to *:\{\mathrm{ID}_A\}\\
&B \to *:\{\mathrm{ID}_B\}\\
&B \to A:\{\mathrm{ID}_A \mid \mathrm{ID}_B\}K_{AB}, MAC(K'_{AB}, \mathrm{ID}_A \mid \mathrm{ID}_B)\\
&A \to B:\{\mathrm{ID}_B \mid \mathrm{ID}_A\}K_{AB}, MAC(K'_{AB}, \mathrm{ID}_B \mid \mathrm{ID}_A)
\end{aligned} \tag{4-7}$$

经过握手，节点双方确认彼此之间确实拥有共同的密钥对。因为节点标识符很短，所以随机密钥对的密钥发现的通信开销和计算开销比前面介绍的随机密钥预分配模型小。与其他随机密钥预分配模型相同，随机密钥对模型同样存在安全拓扑图不连通的问题。这一点可以通过多跳方式扩展节点的通信范围来缓解。例如，节点在3跳以内的节点发现共享密钥，这样可以大大地提高有效通信距离内的安全邻居节点的个数，从而提高安全连通的概率。

通过多跳方式扩展通信范围必须小心使用，因为在中间节点转发过程中，数据包没有认证和过滤。在配置阶段，攻击者如果向随机节点发送数据包，则该数据包会被当作正常的密钥协商数据包在网络中重复很多遍。这种潜在的DoS攻击可能会

终止或者减缓密钥的建立过程，通过限定跳数可以减少这种攻击方法对网络的影响。如果系统对 DoS 攻击敏感，最好不要使用多跳特性。多跳过程在随机密钥模型的操作过程中不是必需的。

3）随机密钥对模型支持分布节点的撤除。节点撤除过程主要在发现失效节点、被俘节点或者被复制节点时使用。前面描述过如何通过基站完成对已有节点的撤除，但是因为节点和基站的通信延迟比较大，所以这种机制会降低节点撤除的速度。在撤除节点的过程中，必须在恶意节点对网络造成危害之前将它从网络中剪除，所以快速反应是非常重要的。

在随机密钥对引导模型中定义了一个投票机制来实现分布式的节点撤除过程，使它不再依靠基站。这个投票机制需要的前提是，每个节点中存在一个判断其邻居节点是否已经被俘的算法。这样，节点可以在收到这样的投票请求时，对它的邻居节点是否被俘进行投票。这个投票过程是一个公开的投票过程，不需要隐藏投票节点的节点标识符。如果在一次投票过程中，节点 A 收到弹劾节点 B 的节点数超过门限值 t 以后，节点 A 将断开与节点 B 之间的所有连接。这个撤除节点的消息将通过基站传送到网络配置机构，使后面部署的节点不再与节点 B 共享密钥。

4.4.3 基于位置的密钥预分配模型

基于位置的密钥预分配方案是对随机密钥预分配模型的一个改进。这类方案在随机密钥对模型的基础上引入了传感器节点的位置信息，每个节点都存放一个地理位置参数。基于位置的密钥预分配方案借助于位置信息，在相同网络规模、相同存储容量的条件下可以提高两个邻居节点具有相同密钥对的概率，也能够提高网络攻击节点被俘获的能力。

Liu 的方案是把传感器网络划分为大小相等的单元格，每个单元格共享一个多项式。每个节点存放节点所在单元格及相邻 4 个单元格的多项式。那么周围节点可以根据自身坐标和该节点坐标判断是否共有相同的多项式。如果有，就可以通过多项式计算出共享密钥对，建立安全通信信道；否则，可以考虑通过已有的安全通道协商共享密钥对。该方案需要部署服务器帮助确定节点的期望位置及其邻近节点，并为其配置共享多项式。

Huang 的方案是对基本的随机密钥分配方案的扩展。它把密钥池分为多个子密钥池，每个子密钥池又包含多个密钥空间，传感器网络被划分为二维单元格，每个单元格根据位置信息对应于一个子密钥池。每个单元格中的节点在对应的子密钥池中随机选择多个密钥空间。特别地，为每个节点选择其每个相邻单元格中的一个节点，并部署与其共享的秘密密钥。这样，每个单元格中的每个节点都分配了唯一的密钥，使节点具有更强的抗俘获能力。

基于对等中间节点（peer intermediary）的密钥预分配方案也是一种基于位置的密钥预分配方案。它的基本思想是把部署的网络节点划分成一个网络，每个节点分别与它同行和同列的节点共享密钥对。对于任意两个节点 *A* 和 *B* 都能够找到一个节点 *C*，分别与节点 *A* 与 *B* 共享秘密的会话密钥，这样通过节点 *C*，*A* 和 *B* 就能够建立一个安全通信信道。该方案大大减小了节点在建立共享密钥时的计算量及对存储空间的需求。

4.4.4 其他的密钥管理方案

基于 KDC 的组密钥管理主要是在逻辑层次密钥（Logical Key Hierarchy，LKH）方案上的扩展，如有 routing awared key distribution scheme 方案、ELK 方案。这些密钥管理方案对于普通的传感器节点要求的计算量比较少，而且不需要占用大量的内存空间，有效地实现了密钥的前向保密和后向保密，并且可以利用 Hash 方法减少通信开销，提高密钥更新效率。但在无线传感器网络中，KDC 的引入使网络结构异构化，增加了网络的脆弱环节。KDC 的安全性直接关系到网络的安全。另外，KDC 与节点距离很远，节点要经过多跳才能到达 KDC，会导致大量的通信开销。一般来说，基于 KDC 的模型不是传感器网络密钥管理的理想选择。

无线传感器网络的密钥管理方案还有许多，如 multipath key reinforcement scheme、using deployment knowledge 等。通常，应根据具体的应用来选取合适的密钥管理方案。然而，目前大多数的预配置密钥管理机制的可扩展性不强，而且不支持网络的合并，网络的应用受到了局限；而且在资源受限的网络环境下，让传感器节点随机性地和其他节点预配置密钥也不是一个高效能的选择。因此，与应用相关的定向、动态的密钥预配置方案将获得更多的关注。随着新应用的出现和传感器网络中一些基础协议的研究的发展，也需要提出新的相应的密钥管理协议。因此，密钥管理仍然是传感器网络安全的一个研究热点。

4.5 入侵检测技术

无线传感器网络安全防护（见图 4-2）可以分成两层：第一层主要集中在密钥管理、认证、安全路由、数据融合安全、冗余、限速及扩频等方面。第一层防御机制可以对攻击进行防范，但是攻击者总能找出网络的脆弱点实施攻击，在防御机制被攻克，攻击者可以发动攻击时，缺乏有效的检测与应对措施，没有针对入侵的自适应能力，所以入侵检测作为第二道防线就显得尤为重要。

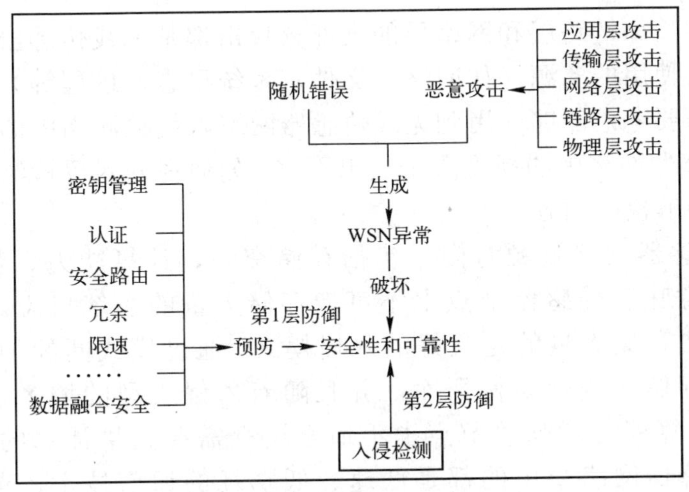

图 4-2　无线传感器网络安全防护

入侵是指破坏系统机密性、可用性和完整性的行为。入侵检测提供了一种积极主动的深度防护机制，通过对系统的审计数据或者网络数据包信息来实现非法攻击和恶意使用行为的识别。当发现被保护系统可能遭受的攻击和破坏后，通过入侵检测响应维护系统安全。相比于第一层防御致力于建立安全、可靠的系统或网络环境，入侵检测采用预先主动的方式，全面地自动检测被保护的系统，通过对可疑攻击行为进行报警和控制来保障系统的安全。目前，入侵检测系统已被广泛应用到网络系统和计算机主机系统安全中。

由于无线传感器网络与传统的计算机网络在终端类型、网络拓扑、数据传输等很多方面的不同，且面临的安全问题也有较大的差别，已有的检测方法已经不再适用。如何设计实现适用于无线传感器网络的入侵检测系统，已经变成了当前无线传感器网络安全防御机制的重点。

4.5.1　入侵检测技术概述

入侵检测可以被定义为识别出正在发生的入侵企图或已经发生的入侵活动过程。它是无线传感器网络的安全策略之一，传感器节点有限的内存和电池能量使得无线传感器网络并不适合使用现行的入侵检测机制。

入侵检测是发现、分析和汇报未授权或者毁坏网络活动的过程。传感器网络通常被部署在恶劣的环境下，甚至是敌人区域，因此容易受到捕获和侵害。传感器网络入侵检测技术主要集中在监测节点的异常以及恶意节点辨别上。由于资源受限以及传感器网络容易受到更多的侵害，传统观的入侵检测技术不能应用于传感器网络。

无线传感器网络入侵检测研究面临的主要挑战有以下几个方面：

1）攻击形式多种多样。无线传感器网络的攻击手段和攻击特点与传统计算机网络具有较大差异，如链路层和网络层的大部分攻击都是无线传感器网络中特有的。传统计算机网络使用的资源（如网络、文件、系统日志、进程等）无法应用于无线传感器网络，需要考虑能够应用到无线传感器网络入侵检测当中的特征信息。

2）无线传感器网络中的新型攻击层出不穷，如何提升入侵检测系统检测未知攻击的能力是需要解决的问题。

3）无线传感器网络资源有限，包括存储空间、计算能力、带宽和能量。有限的存储空间意味着传感器节点上不可能存储大量的系统日志。基于知识的入侵检测系统需要存储大量的定义好的入侵模式，通过模式匹配的方式检测入侵，这种方式需要存储入侵行为特征库，并且随着入侵类型的增多，特征库也随之增大。有限的计算能力意味着节点上不适合运行需要大量计算的入侵检测算法。当前的无线传感器网络采用的都是低速、低功耗的通信技术，节点能源有限的特点要求入侵检测系统不能带来太大的通信开销，这一点在传统计算机网络中较少考虑。

4.5.2 入侵检测技术的分类

通常入侵检测技术分为基于误用的检测、基于异常的检测、基于规范的检测。

1）基于误用的检测。通过比较存储在数据库中的已知攻击特征来检测入侵，然而无线传感器网络中节点的存储能力的限制，以及无线传感器网络数据管理系统的不成熟，建立完善的入侵特征库存在一定困难。

2）基于异常的检测。通过建立系统状态和用户行为的正常轮廓，然后与当前的活动进行比较，如果有明显的偏差，则发生异常。由于无线传感器网络动态性强，以及当节点能量消耗殆尽而导致的无线传感器网络拓扑结构变化，网络流量一方面呈现出一种高度非线性、耗散与非平衡的特性；另一方面并非所有的入侵都表现为网络流量异常，给区分无线传感器网络的正常行为和异常行为带来了极大的挑战。

3）基于规范的检测。主要是定义一系列描述程序或协议的操作规范，通过比较系统程序的执行、系统定义正常的程序和协议规范来判断异常。无线传感器网络中异常检测器利用预先定义的规则把数据分为正常和异常，当监控网络时，通过应用合适的规则，如果定义为异常条件的规则得到满足，则发生异常。

4.5.3 入侵检测体系框架

无线传感器网络入侵检测由 3 个部分组成：入侵检测、入侵跟踪和入侵响应。这 3 个部分顺序执行，首先执行入侵检测，若入侵存在，将执行入侵跟踪来定位入侵，然后执行入侵响应来防御攻击者。入侵检测框架如图 4-3 所示。

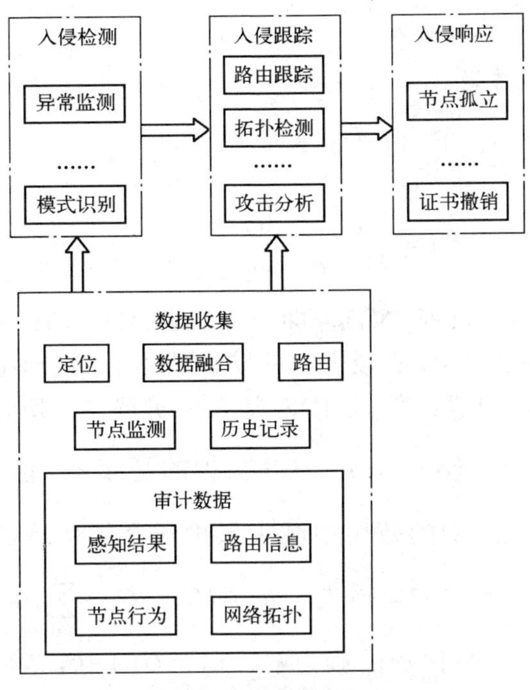

图 4-3　入侵检测框架

W.Ribeiro 等提议通过监测恶意信息传输来标识传感器网络的恶意节点。如果信息传输的信号强度和其所在的地理位置相矛盾，那么此信息被认为是可疑的。节点接收到信息时，比较接收信息的信号强度和期望的信号强度（根据能力损耗模型计算），如果相匹配，则将此节点的不可疑投票加 1，否则将可疑投票加 1，然后通过信息发布协议来标识恶意节点。

A.Agah 等通过博弈论的方法衡量传感器网络的安全。协作、信誉和安全质量是衡量节点的基本要素。另外，攻击者和传感器网络之间规定非协作博弈，最终得到抵制入侵的最近防御策略。

4.5.4　三种入侵检测方案的工作原理

1. 博弈论框架

对于一个固定的簇 k，攻击者有三种可能的策略：（AS_1）攻击群 k、（AS_2）不攻击群 k、（AS_3）攻击其他群。IDS 也有两种策略：（SS1）保护簇 k 或者（SS2）保护其他簇。考虑到这样一种情况，在每一个时间片内 IDS 只能保护一个簇，那么这两个博弈者的支付关系可以用一个 2×3 的矩阵表示，矩阵 A 和 B 中的 a_{ij} 和 b_{ij} 分别表示 IDS 和攻击者的支付。此外，还定义了以下符号：

$U(t)$——传感器网络运行期间的效用；

C_k——保护簇 k 的平均成本；

AL_k——丢掉簇 k 的平均损失；
N_k——簇 k 的节点数量。

IDS 的付出矩阵 $A=\left[a_{ij}\right]_{2\times3}$ 定义如下：

$$A=\begin{pmatrix} a_{11} & a_{12} & a_{13} \\ a_{21} & a_{22} & a_{23} \end{pmatrix} \tag{4-8}$$

这里 $a_{11}=U(t)-C_k$ 表示 (AS_1,SS_1)，即攻击者和 IDS 都选择同一个簇 k，因此对于 IDS，它最初的效用值 $U(t)$ 要减去它的防御成本。$a_{12}=U(t)-C_k$ 表示 (AS_2,SS_1)，即攻击者并没有攻击任何簇，但是 IDS 却在保护簇 k，所以必须扣除防御成本。$a_{13}=U(t)-C_k-\sum_{i=1}^{N'_k}AL_{k'}$ 表示 (AS_3,SS_1)，IDS 保护的是簇 k，但攻击者攻击的是簇 k'。在这种情况下，需要从最初的效用中减去保护一个簇所需的平均成本，另外还需要减去由于丢掉簇 k' 带来的平均损失。$a_{21}=U(t)-C_{k'}-\sum_{i=1}^{N_k}AL_k$ 表示 (AS_1,SS_2)，即攻击者攻击的簇为 k，而 IDS 保护的簇为 k'。$a_{22}=U(t)-C_{k'}$ 表示 (AS_2,SS_2)，即攻击者没有攻击任何簇，但 IDS 却在保护簇 k'，所以必须减去保护成本。$a_{23}=U(t)-C_{k'}-\sum_{i=1}^{N''_k}AL_{k''}$ 表示 (AS_3,SS_2)，即 IDS 保护的是簇 k'，但是攻击者攻击的却是簇 k''。在这种情况下，要从最初的效用中减去防御簇 k' 的平均成本，另外还要减去丢掉簇 k'' 带来的平均损失。

定义攻击者的付出矩阵 $B=\left(b_{ij}\right)$ 如下：

$$B_{ij}=\begin{pmatrix} PI(t)-CI & CW & PI(t)-CI \\ PI(t)-CI & CW & PI(t)-CI \end{pmatrix} \tag{4-9}$$

其中，CW 为等待并决定攻击的所需成本；CI 为攻击者入侵的成本，$PI(t)$ 为每次攻击的平均收益。在上述付出矩阵中，b_{11} 和 b_{21} 表示对簇 k 的攻击，b_{13} 和 b_{23} 表示对非簇 k 的攻击，它们都为 $PI(t)-CI$，表示从攻击一个簇所获得的平均收益中减去攻击的平均成本。同样 b_{12} 和 b_{22} 表示非攻击模式，如果入侵者在这两种模式下准备发起攻击，那么 CW 就代表了因为等待攻击所付出的代价。

现在讨论博弈的平衡问题。首先介绍博弈论中的支配策略，给定由两个 $m\times n$ 矩阵 A 和 B 定义的双博弈矩阵，A 和 B 分别代表博弈者 p_1 和 p_2 的支付。假定 $a_{ij}\geqslant a_{kj}$, $j=1,\cdots,n$，则行 i 支配行 k，行 i 称为 p_1 的支配策略。对 p_1 来说，选出支配行 i 要优先于选出被支配行 k，所以行 k 实际上可以从博弈中去掉，这是因为作为一个合理的博弈者 p_1 根本不会考虑这个策略。

从上面的讨论中，可以获得这样一个直觉：对于 IDS 来说，最好的策略就是选择最恰当的簇予以保护，这样就使 $U(t)-C_k$ 的值最大；对于攻击者最好的策略就是

选择最合适的簇来攻击，因为 $PI-C$ 总比 CW 大，所以总是鼓励入侵者的攻击。

2. 马尔科夫判定过程（Markov Decision Process，MDP）

假设在有限值范围内存在随机过程 $\{X_n, n=0,1,2,\cdots\}$，如果 $X_n=i$，那么就说这个随机过程在时刻 n 的状态为 i。假定随机过程处于状态 a，那么过程在下一时刻从状态 i 转移到状态 j 的概率为 p_{ij}，这样的随机过程称为"马尔科夫链"。基于过去状态和当前状态的马尔科夫链的条件分布与过去状态无关而仅取决于当前状态。对 IDS 来说，可以给出一个奖励概念，只要正确地选出予以保护的簇，它将为此得到奖励。

马尔科夫判定过程为解决连续随机判定问题提供了一个模型，它是一个关于 (S,A,R,tr) 的四元组。其中，S 是状态的集合，A 是行为的集合，R 是奖励函数，tr 是状态转移函数。状态 $s\in S$ 封装了环境状况的所有相关信息。行为会引起状态的改变，二者之间的关系由状态转移函数决定。状态转移函数定义了每一个（状态，行为）对的概率分布。因此，$tr(s,a,s')$ 表示的是当行为 a 发生时，从状态 s 转移到 s' 的概率。奖励函数为每一个（状态，行为）对定义了一个实际的值，该值表示在该状态下发生这次行为所获得的奖励（或所需要的成本）。入侵检测系统的 IDS 的 MDP 状态相当于预测模型的状态。例如，状态 (x_1,x_2,x_3) 表示对 x_3 的攻击（$\{x_1,x_2\}$ 表示在过去曾经遭受过攻击）。这种对应也许不是最佳的，事实上，获取更准确的对应关系需要大量的数据（如"在线时间"等数据）。每一次 MDP 的行为相当于一个传感器节点的一次入侵检测，一个节点可以建立基于 MDP 的多个入侵检测系统，但是为了使模型简化和计算简单，这里只考虑一种入侵检测的情况，即当检测到节点 x' 遭受入侵时，MDP 要么认同这次检测，把状态 (x_1,x_2,x_3) 转移到 (x_1,x_2,x')；要么否定这次检测，重新选择另外一个节点。MDP 的奖励函数把检测入侵的效用进行编码，如状态 (x_1,x_2,x_3) 的奖励可能是维持节点 x_3 所获得的全部收益。简单地说，如果入侵被检测到，则可为奖励定义一个常量。MDP 模型的转移函数 $tr((x_1,x_2,x_3),x',(x_2,x_3,x''))$ 表示对节点 x'' 的入侵行为被检测到的概率（假定节点 x' 在过去曾经遭受过攻击）。为了方便学习，这里使用学习方式，即 Q-learning。引入这种方式的目的是把获得的基于时间奖励的期望值最大化，这可以通过从学习状态到行为的随机映射来实现。例如，从状态 $x\in S$ 到 $a\in A$ 的映射被定义成 $\prod:S\to A$。在每一个状态中选择行为的标准是使未来的奖励值达到最大，更确切地说就是选择的每一个行为能使获得的回报期望值 $R=E\left[\sum_{i=0}^{\infty}\lambda^i\omega_i\right]$ 达到最大，其中 $\lambda\in[0,1)$ 是一个折扣率参数，ω_i 表示第 i 步的奖励值。如果在状态 s 时的行为为 a，则折扣后的未来奖励期望值由 Q-函数定义。

如果 $Q(s_t,a_t)\leftarrow Q(s_t,a_t)+a\left[\omega_{t+1}+\lambda\max_{a\in A}Q(s_{t+1},a)-Q(s_t,a)\right]$，那么有 $Q:S\times A\to R$。

一旦掌握了 Q-函数，就可以根据 Q-函数贪婪地选择行为，从而使 R 函数的值最大。这样就有了如下表示：

$$\Pi(s)=\arg\max_{a\in A}Q(s,a) \tag{4-10}$$

3. 依据流量的直觉判断

第三种方案通过直觉进行判断。在每一个时间片内 IDS 必须选择一个簇来进行保护。这个簇要么是前一个时间片内被保护的簇，要么重新选择一个更易受攻击的簇。我们使用通信负荷来表征每个簇的流量。IDS 根据这个参数值的大小选择需要保护的簇。所以在一个时间片内 IDS 应该保护的是具有最大流量的簇，也是最易受攻击的簇。

本章习题

1. 简述无线传感器网络中有哪些安全问题。
2. 无线传感器网络中物理层、链路层、网络层和传输层有哪些各自的安全策略？
3. 常见的密钥安全机制有几种模型，各有什么特点？
4. 简述无线传感器网络中的三种入侵检测方法的主要思想机理。

第5章 技术标准

由于无线传感器网络在智能电网、智能交通、智能建筑等诸多领域得到了应用，形成了巨大的市场和应用前景，因此目前全世界许多公司都推出了各自的无线传感器网络。这些不同的无线传感器网络，最终都是希望实现和互联网的通信。为此，世界各大标准化组织和我国的标准化组织均针对无线传感器网络进行了一系列标准化研究和制定工作。

国内和国际有多项标准与无线传感器网络具有关联性，其中明确提出其研究对象为无线传感器网络标准的组织包括国内 WGSN 标准工作组和国际 ISO/IEC JTC1 WG7 工作组。我国在无线传感器网络方面与国外的技术研究和标准制定几乎同步，其研究工作的开展领先于国际标准。中科院上海微系统与信息技术研究所是最早提出无线传感器网络标准的单位。目前，无线传感器网络标准大多还处于研究阶段，大多数标准尚未完全发布。本章主要对无线传感器网络相关标准进行简要介绍。

5.1 国内标准

我国标准分为国家标准、行业标准、地方标准和企业标准四级。对需要在全国范畴内统一的技术要求，应当制定国家标准。对没有国家标准而又需要在全国某个行业范围内统一的技术要求，可以制定行业标准。对没有国家标准和行业标准而又需要在省、自治区、直辖市范围内统一的工业产品的安全、卫生要求，可以制定地方标准。企业生产的产品没有国家标准、行业标准和地方标准的，应当制定相应的企业标准。对已有国家标准、行业标准或地方标准的，鼓励企业制定严于国家标准、行业标准或地方标准要求的企业标准。

另外，对于技术尚在发展中，需要有相应的标准文件引导其发展或具有标准化价值、尚不能制定为标准的项目，以及采用国际标准化组织、国际电工委员会及其他国际组织的技术报告的项目，可以制定国家标准化指导性技术文件。

国内目前主要标准工作组为中国物联网标准联合工作组，成立于 2010 年 6 月 8 日。该联合工作组包含全国 11 个部委及下属的 19 个标准工作组，由工信部电子标签标准工作组、信息设备资源共享协同服务（闪联）标准工作组，以及全国信标委传感器网络标准工作组、全国工业过程测量和控制标准化技术委员会共同倡导、发起。该联合工作组将紧紧围绕物联网发展需求，统筹规划，整合资源，坚持自主创新与开放兼容相结合的标准战略，加快推进物联网国家标准体系的建设和相关国家标准的制定，同时积极参与相关国际标准的制定，以掌握发展的主动权。

部分工作组简介如下：

（1）工信部电子标签工作组

该工作组下设 7 个专题组：总体组、标签与读写器组、频率与通信组、数据格式组、信息安全组、应用组和知识产权组。

（2）全国信标委传感器网络标准工作组

该工作组下设 6 个专题组：标准体系与系统架构项目组、协同信息处理项目组、通信与信息交互项目组、标识项目组、安全项目组和接口项目组。2010 年第一次全体会议之后，又新成立了传感器网络网关标准项目组、无线频谱研究与测试研究项目组、传感器网络设备技术要求和测试规范研究项目组、机场围界传感器网络防入侵系统技术要求行业标准项目组、面向大型建筑节能监控的传感器网络系统技术要求行业标准项目组。在 WGSN 组建前，我国传感器网络标准体系已形成初步框架，向国际标准化组织提交的多项标准提案均被采纳，传感器网络标准化工作已经取得了积极进展。

（3）信息设备资源共享协同服务（闪联）标准工作组

该工作组主要负责制定信息设备智能互联与资源共享协议（Intelligent Grouping and Resource Sharing, IGRS）。其 1.0 版本已于 2005 年 6 月被正式颁布为国家行业推荐性标准。此外，基于闪联标准的各项开发工具和测试认证工具也已基本完成，并在逐渐完善和更新中。

（4）中国通信标准化协会（CCSA）泛在网技术工作委员会 TC10

该工作委员会先后启动了《无线泛在网络体系架构》《无线传感器网络与电信网络相结合的网关设备技术要求》等标准的研究与制定。

（5）全国智能建筑及居住区数字化标准化技术委员会

该技术委员会主要进行智能建筑与居住区数字化标准的研究。

（6）国家标准化管理委员会 EPC 和物联网工作组

工作组密切围绕产业发展需求，统筹规划传感器网络的标准研究，积极推进标准化工作，加快制定符合我国发展需求的传感器网络技术标准，建立健全标准体系，力争主导制定传感器网络国际标准。

5.2 无线传感器网络标准工作组

WGSN（China Standardization Working Group on Sensor Networks，国家传感器网络标准）工作组是由国家标准化管理委员会批准筹建、全国信息技术标准化技术委员会批准成立并领导、从事传感器网络标准化工作的全国性技术组织。

5.2.1 WGSN 工作组简介

WGSN 工作组的宗旨是：贯彻改革、开放政策，适应我国社会主义市场经济建设的需要，促进我国传感器网络的技术研究和产业化的迅速发展，加快开展标准化工作，认真研究国际标准和国外先进标准，积极参与国际标准化工作，并把国内、国际标准化工作结合起来，加速传感器网络标准的制定/修订工作，建立和不断完善传感器网络标准化体系，进一步提高我国传感器网络技术水平。

WGSN 工作组的主要任务是根据国家标准化工作的方针政策，研究并提出有关传感器网络标准化工作方针、政策和技术措施的建议；按照国家标准制定、修订原则，以及积极采用国际标准和国外先进标准的方针，制订和完善传感器网络的标准体系，提出制定、修订传感器网络国家标准的长远规划和年度计划的建议；根据批准的计划，组织传感器网络国家标准的制定、修订工作及其他标准化有关的工作。

WGSN 工作组的成员包括相关研究所、企业、科研院校在内的 100 多家企事业单位。中科院上海微系统与信息技术研究所为组长单位，中国电子技术标准化研究所为秘书处单位。

5.2.2 WGSN 标准框架

WGSN 系列标准按照传感器网络“共性平台+应用子集”的标准体系，参考 ISO/IEC、ITU-T 等相关文件和标准，总体标准中规定了传感器网络的总体要求和功能要求、功能组件、参考模型和体系架构，适用于传感器网络系统的研制、开发和测试等领域。工作组组织机构如图 5-1 所示，各部分内容简要描述如下。

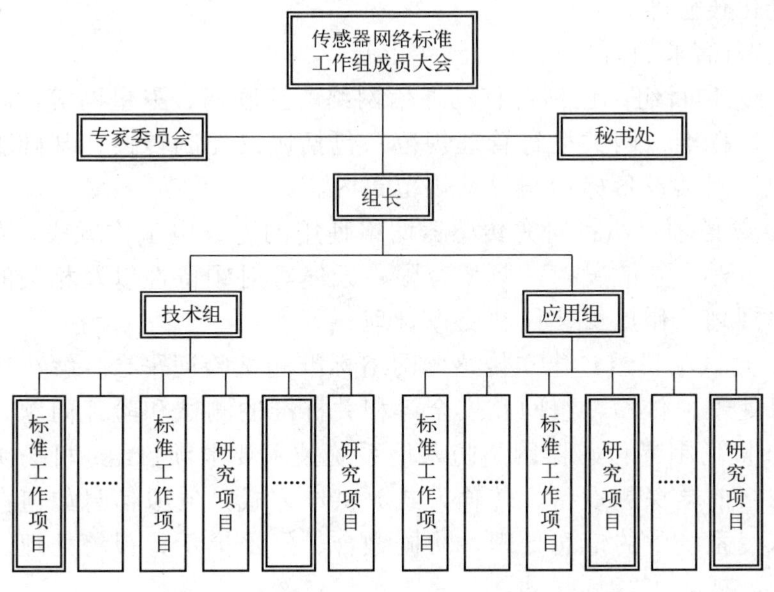

图 5-1　传感器网络标准工作组组织机构

1）PG1 国际标准化项目组：负责跟踪国外传感器网络领域标准化的最新进展，推进我国传感器网络标准的国际化进程。主要对口 ISO/IEC JTC1 WG7 的相关工作，并参与 IEEE、ISO/IEC JTC 1 SWG 5 等组织的标准化工作。

2）PG2 标准体系与系统架构项目组：研究范围包括传感器网络共性需求和功能要求分析，传感器网络参考模型，传感器网络系统架构，传感器网络标准体系。

3）PG3 通信与信息交互项目组。从物理层、MAC 层、网络层等通信和信息交换方面，研究传感器网络通信与信息交换完善的体系化标准，保证传感器网络协议具有自组织、自配置、鲁棒性和可扩展性；分阶段、分步骤完成传感器网络通信与信息交换相关国家标准的制定/修订工作；按照标准工作组的整体规划，制定项目组的标准制定/修订工作规划。

4）PG4 协同信息处理项目组：基于传感器的信息采集和通信与信息交互层提供的信息交互传输服务，制定分布式传感器网络下协同信息处理相关技术规范，实现从底层原始数据到高层抽象信息的转化，为传感器网络信息服务提供技术支撑。

5）PG5 标识技术项目组。研究传感器网络节点身份唯一性和传感器节点应用属性的标识方法，涉及传感器节点身份唯一的描述符和网络节点应用属性的标识符内容及构成方式。

6）PG6 安全技术项目组：根据技术、产业和应用现状，明确安全需求，开展传感器网络信息安全的标准研制工作，为工作组整体规划提供支撑。根据工作组整体规划，完成传感器网络信息安全标准制定/修订计划。

7）PG7 接口项目组：对各种类型传感器接入节点进行研究，实现传感器互换和即插即用功能所涉及的传感器接口问题，这里的传感器包括模拟量传感器、数字化传感器和智能化传感器。

8）PG8 电力需求调研项目组（已终止）。

9）PG9 网关项目组：包括对移动通信网络、互联网、卫星网等，制定相关数据交互及管理接口标准；网关运行管理规范，包括协议控制转换、基础服务管理、应用支持等方面；网关设备标识与寻址规范等内容。

10）PG10 频谱项目组：研究传感器网络使用的无线电工作频段、发射功率、信道带宽、带外发射、杂散发射、频率容限、天线等射频特性以及相关的无线电程序规则，为频率规划工作提供建议和支撑管理。

11）PG11 测试项目组：建立传感器网络标准测试验证平台，解决传感器网络接口、协同信息处理、传输、组网和安全等相关标准的测试和验证问题。

12）HPG1 机场围界传感器网络防入侵系统技术要求项目组：机场防入侵系统采用的传感器网络前端探测设备、传输方式、供电方式，气象信息如何在防入侵系统中使用，防入侵系统中的信息处理、协同融合、报警提示、报警处理，以及防入侵系统中的照明、视频、音频联动。

13）HPG2 面向大型建筑节能监控的传感器网络系统技术要求项目组。制定基于传感器网络的数据传输系统的网络结构，系统设备的功能，数据传输方式和数据格式，以及系统的供电方式、安装方式的标准。

14）HPG3 农业应用研究项目组。制定农业应用传感器网络的数据传输系统的网络结构，数据传输方式和数据格式，系统设备的功能、性能参数，设备接口数据格式及电气特性以及系统的供电方式、安装方式的标准。

15）HPG5 智能交通支撑应用项目组。制定交通应用传感器网络的数据传输系统的网络结构，数据传输方式和数据格式，系统设备的功能、性能参数，设备接口数据格式及电气特性的标准。

5.3 ISO/IEC JTC1 WG7 标准

国际标准化组织（International Organization for Standardization, ISO）成立于 1947 年，是一个全球性的非政府组织，也是国际标准化领域中一个十分重要的组织。国际电工委员会（International Electro technical Commission, IEC）成立于 1906 年，是世界上成立最早的国际性电工标准化机构，负责有关电气工程和电子工程领域中的国际标准化工作。

5.3.1 ISO/IEC JTC1 WG7 标准工作组简介

ISO/IEC JTC1（国际标准化组织/国际电工委员会的第一联合技术委员会）是一个信息技术领域的国际标准化委员会。ISO/IEC JTC1 是在原 ISO/TC97（信息技术委员会）、IEC/TC47/SC47B（微处理机分委员会）和 IEC/TC83（信息技术设备）的基础上，于 1987 年合并组建而成的。2009 年 10 月，ISO/IEC JTC1 全体会议在以色列召开，会上正式通过了成立传感器网络标准化工作组（ISO/IEC JTC1 WG7）的决议。

5.3.2 ISO/IEC JTC1 WG7 标准框架

ISO/IEC JTC1 WG7 将其他的国际标准组织以及各分技术委员会协调在一起，建立了一个统一构架，制定了标准体系相关的系列标准；确定了在各行业应用领域内传感器网络存在的差异性以及共性等，同其他的标准组织实现共享信息；推动了各工作组之间能够在传感器网络研究领域内充分实现信息交流以及共享等。目前，该工作组有 3 项传感器相关标准正在制定之中（ISO/IEC WD29182、ISO/IEC NP30101、ISO/IEC WD20005），见表 5-1。

表 5-1 ISO/IEC JTC1WG7 传感器网络标准制定

编　号	名　称
ISO/IEC WD29182	第一部分：概述和需求
	第二部分：词汇表
	第三部分：参考结构
	第四部分：实体模型
	第五部分：接口定义
	第六部分：应用配置
ISO/IEC NP30101	第七部分：智能网格系统中传感器网络及其接口的互操作指南
ISO/IEC WD20005	智能传感器网络中域服务规范的数据值和接口支持协作信息处理

5.4 无线传感器网络相关标准

在 ISO/IEC JTC1 WG7 的研究报告中，列出了与无线传感器网络相关的标准，主要包括 ISO 系列相关标准、IEC 系列相关标准、ITU-T 系列相关标准、IEEE 802.15 系列相关标准、IEEE 1451 系列相关标准、IEEE 1588 相关标准、ISA100 相关标准、ZigBee 联盟标准、IETF 相关标准和 OGC OpenGIS 相关标准等。

5.4.1 ISO 系列相关标准

ISO 标准的制定工作主要由该组织中的技术委员会（TC）负责进行，TC 由 ISO 理事会授权成立，并在其监督下进行工作，按照不同的专业性质分设不同的 TC，如其中有关汽车、摩托车产品的国际标准主要由 ISO 下属的 TC22 制定。ISO 系列标准主要包括 ISO TC22 道路车辆、TC184/SC 自动化系统及其集成、TC204 智能传输系统、TC205 建筑环境设计、TC205/WG3 建筑控制系统设计等。本书给出其中的两个例子供参考。

表 5-2 ISO TC204 智能传输系统标准

Subcommittee/Working Group	Title	对应中文翻译
ISO/TC 204/WG 1	Architecture	体现框架
ISO/TC 204/WG 3	ITS database technology	智能运输系统数据库技术
ISO/TC 204/WG 4	Automatic vehicle and equipment identification	自动车辆和设备识别
ISO/TC 204/WG 5	Fee and toll collection	收费
ISO/TC 204/WG 7	General fleet management and commercial/freight	车队管理和商业/运输

（续）

Subcommittee/Working Group	Title	对应中文翻译
ISO/TC 204/WG 8	Public transport/emergency	公共/紧急交通
ISO/TC 204/WG 9	Integrated transport information, management and control	运输信息、管理、控制集成
ISO/TC 204/WG 10	Traveller information systems	旅行者信息系统
ISO/TC 204/WG 14	Vehicle/roadway warning and control systems	车辆/道路预警和控制系统
ISO/TC 204/WG 16	Communications	通信
ISO/TC 204/WG 17	Nomadic Devices in ITS Systems	智能运输系统中的移动设备
ISO/TC 204/WG 18	Cooperative systems	协作系统

表 5-3　ISO TC205 建筑环境设计标准

Subcommittee/Working Group	Title	对应中文翻译
ISO/TC 205/WG 1	General principles	总则
ISO/TC 205/WG 2	Design of energy-efficient buildings	节能建筑设计
ISO/TC 205/WG 3	Building Automation and Control System (BACS) Design	楼宇自动化和控制系统（BACS）设计
ISO/TC 205/WG 5	Indoor thermal environment	室内空气质量
ISO/TC 205/WG 7	Indoor visual environment	室内视觉环境
ISO/TC 205/WG 8	Radiant heating and cooling systems	辐射制热和冷却系统
ISO/TC 205/WG 9	Heating and cooling systems	制热和冷却系统
ISO/TC 205/WG 10	Commissioning	试运行

5.4.2　IEC 系列相关标准

IEC 系列相关标准如下：

1）IEC/TC17 开关设备和控制设备技术委员会：负责建立和维护高低压开关设备和辅助设备及其组件的标准，以及相关的控制或电力设备、计量和信号设备的标准。

2）IEC/TC22 电力电子系统和设备技术委员会：负责制定关于系统、设备及电子能量变换和电子功率开关组件的国际标准，也包括其控制、保护、监控和测量方法的标准。

3）IEC/TC57：负责国际电力通信相关标准制定的国际组织，目前下设 11 个工作组（包含 1 个临时工作组）。

4）IEC/TC65 工业过程测量、控制和自动化技术委员会：负责制定用于工业过程测量、控制和自动化的系统和元件方面的国际标准，负责协调系统集成相关标准化工作，在国际领域参与电气、气动、液压、机械或其他测量和控制系统相关的国际标准化工作。

5.4.3 ITU-T 系列相关标准

ITU-T（国际电信联盟电信标准化部）从事电信标准制定工作，着眼于泛在网方面的研究工作。

1）SG11：研究节点标识（NID）和泛在感测网络（USN）的测试架构、H.IRP 测试规范以及 X.oid-res 测试规范。

2）SG13：研究与未来网络相关要求、架构、研究和融合，同时还包含跨研究组下一代网络（NGN）标准化工作的管理协调、发布计划、实现场景、部署模型、网络和服务能力、互操作、IPv6 的影响、NGN 移动性和网络融合、公众数据网络方面；负责移动通信网网络方面的研究，包括国际移动通信（IMT）、无线互联网、固定移动网融合、移动性管理、移动多媒体网络功能、互通、互操作，以及对现有 ITU-T IMT 相关建议的增强。

3）SG16：研究的具体内容包括 Q.25/16USN 应用和业务、Q.27/16 通信/智能交通系统（ITS）业务/应用的车载网关平台、Q.28/16 电子健康（E-Health）应用的多媒体架构、Q.21 和 Q.22 标志研究（主要给出了针对标志应用的需求和高层架构）。

4）SG17：针对 RFID、泛在网安全、解析以及身份管理方面的研究工作。

5.4.4 IEEE 802.15 系列相关标准

随着通信技术的迅速发展，人们提出了在人自身附近几米范围之内通信的需求，这样就出现了 PAN 和 WPAN（Wireless PAN）的概念。WPAN 为近距离范围内的设备建立无线连接，把几米范围内的多个设备通过无线方式连接在一起，使它们可以相互通信甚至接入 Internet。1998 年 3 月，IEEE 802.15 工作组成立。该工作组致力于 WPAN 网络的物理层和 MAC 层的标准化工作。该系列标准主要包含以下内容。

1）IEEE 802.15 标准：即 IEEE 802.15.1 标准，主要用于蓝牙无线通信标准。

2）IEEE 802.15.2 标准：主要研究蓝牙标准和 Wi-Fi 标准之间的兼容性。

3）IEEE 802.15.3 标准：主要研究 UWB 标准，应用于短距离、数据率在 100Mbit/s 左右进行通信的 PAN 多媒体方面。

4）IEEE 802.15.4 标准：主要针对低速无线个人局域网 WPAN 进行研究。该标准把低功耗、低速率、低成本作为重点研究目标，旨在为个人或者家庭范围内不同设备之间的低速互联提供统一标准。

5）IEEE 802.15.5 标准：研究 WPAN 的无线网状网（Mesh）组网。该标准致力

于研究提供 Mesh 组网的物理层及 MAC 层的必要机制。

6）IEEE 802.15.6 标准：主要针对医疗环境下应用的人体局域网标准。用于对病人的身体特征实现连续实时的动态监测。旨在为卫生保健系统构建一个完全的无线传感器网络。

5.4.5　IEEE 1451 系列相关标准

基于各类现场总线的网络化智能传感器存在接口不统一问题，对系统研发、集成和维护带来了很多问题，为此 IEEE 及美国国家标准技术总局（NIST）联合推出了 IEEE 1451 网络化智能传感器接口标准。该标准的推出使得各厂商研制的网络化智能传感器能够相互兼容，实现了各厂商传感器之间的互操作性与互换性。

（1）IEEE 1451.1

IEEE 1451.1 定义了网络独立的信息模型，它使用了面向对象的模型定义提供给智能传感器及其组件。该标准通过采用一个标准的应用编程接口（API）来实现从模型到网络协议的映射。同时，该标准以可选的方式支持所有的接口模型的通信方式，如其他的 IEEE 1451 标准所提供的 STIM、TBIM 和混合模式传感器。

（2）IEEE 1451.2

IEEE 1451.2 规定了一个连接传感器到微处理器的数字接口，描述了电子数据表格 TEDS 及其数据格式，提供了一个连接 STIM 和 NCAP 的 10 线的标准接口，使制造商可以把一个传感器应用到多种网络中，使传感器具有“即插即用”的兼容性。该标准没有指定信号调理、信号转换或 TEDS 如何应用，由各传感器制造商自主实现，以保持各自在性能、质量、特性与价格等方面的竞争力。

（3）IEEE 1451.3

IEEE 1451.3 定义标准的物理接口指标，为以多点设置的方式连接多个物理上分散的传感器。例如，在某些情况下，由于恶劣的环境，不可能在物理上把 TEDS 嵌入在传感器中。IEEE 1451.3 标准提议以一种“小总线”方式实现变送器总线接口模型，这种小总线因足够小且便宜可以轻易地嵌入到传感器中，从而允许通过一个简单的控制逻辑接口进行最大量的数据转换。

（4）IEEE 1451.4

IEEE 1451.4 定义了一个混合模式变送器接口标准，如为控制和自我描述的目的，模拟量变送器将具有数字输出能力。它将建立一个标准允许模拟输出的混合模式的变送器与 IEEE 1451 兼容的对象进行数字通信。每一个 IEEE 1451.4 兼容的混合模式变送器将至少由一个变送器、一个 TEDS 控制和传输数据进入不同的已存在的模拟接口的接口逻辑。变送器的 TEDS 很小，但定义了足够的信息，可允许一个高级的 1451 对象来进行补充。

（5）IEEE 1451.5

IEEE 1451.5 标准即无线通信与变送器电子数据表格式（Wireless Communication and Transducer Electronic Data Sheet Formats）。标准定义的无线传感器通信协议和相应的 TEDS，旨在现有的 IEEE 1451 框架下，构筑一个开放的标准无线传感器接口。

（6）IEEE 1451.6

IEEE 1451.6 标准用于本质安全和非本质安全的应用，基于 CANopen 协议的变送器网络接口标准主要致力建立在 CANopen 协议网络的多通道变送器模型，定义了一个安全的 CAN 物理层。

5.4.6 IEEE 1588 相关标准

IEEE 1588 的全称是网络测量和控制系统的精密时钟同步协议标准。以太网于 1985 年成为 IEEE 802.3 标准后，在 1995 年将数据传输速度从 10Mbit/s 提高到 100Mbit/s 的过程中，计算机和网络业界也在致力于解决以太网的定时同步能力不足的问题，开发出一种软件方式的网络时间协议（NTP），提高各网络设备之间的定时同步能力。1992 年 NTP 版本的同步准确度可以达到 200μs，但是仍然不能满足测量仪器和工业控制所需的准确度。为了解决测量和控制应用的分布网络定时同步的需要，具有共同利益的信息技术、自动控制、人工智能、测试测量的工程技术人员在 2000 年底倡议成立网络精密时钟同步委员会，2001 年年中获得 IEEE 仪器和测量委员会美国标准技术研究所（NIST）的支持。该委员会起草的规范在 2002 年年底获得 IEEE 标准委员会通过作为 IEEE 1588 标准。

5.4.7 ISA100 相关标准

ISA100 自动化用无线系统标准，在与工业通信用的复合协议相结合的同时，寻求着一种工业用的无线架构，是最终用户、无线自动化供应商、原始设备制造商、系统集成商等共同创建的一种综合方法。

ISA100 下面分为多达超过 12 个按主题进行分类并以数字编号来命名的工作组。其他制定标准化文件的工作组也将获得一个以 ISA100.XX 形式命名的编号。以下列举了部分工作组及其职能。

1）WG1：ISA100.1，统筹整合所有标准，并促进新工作组的形成。它拟定了一份为仪器技术员提供帮助的技术报告，名为“ISA-TR100.00.01-2006-自动化工程师无线技术指南第 1 部分：无线通信物理学指南。”

2）WG2：技术 RFP 评估标准（TREC），“授权”工作组。对使用者团体发展无线需求进行许可。

3）WG3：ISA100.11a，过程监控用。

4）WG8：解决用户需求，包括电池寿命等。

5）WG12：ISA100.12，集合 Wireless HART。成员已经进行了逾一年时间的会商，探讨 ISA100.11a 和 Wireless HART 如何能共同工作。

6）WG15：无线骨干网/无线回传。在网关背后进行改造，以取代连接到控制室的有线以太网。

7）WG16：工厂自动化。制定无线工厂自动化的规范标准。除其他方面的差异外，比 ISA100.11a 具有更严密的适时性。现在规范文件正在起草中，参与者包括汽车制造商 Proctor & Gamble 以及其他离散自动控制厂商。

8）WG21：人员及资产的跟踪和识别，包括 RFID 和其他方法。该小组也制定了相关技术报告。

5.4.8 ZigBee 联盟标准

ZigBee 是基于 IEEE 802.15.4 标准的低功耗局域网协议。根据国际标准规定，ZigBee 技术是一种短距离、低功耗的无线通信技术。其特点是近距离、低复杂度、自组织、低功耗、低数据速率，主要适用于自动控制和远程控制领域，可以嵌入各种设备。其目标市场包括商业楼宇管理、消费类电子产品、能源管理、医疗保健及健身、小区管理、零售管理和电子通信等。

ZigBee 技术并不是完全独有、全新的标准，它的物理层、MAC 层和链路层采用了 IEEE 802.15.4 协议标准，但在此基础上进行了完善和扩展，其网络层、应用会聚层和高层应用规范由 ZigBee 联盟制定。

网络功能是 ZigBee 最重要的特点，也是与其他 WPAN 标准的区别。在网络层方面，其主要工作在于负责网络机制的建立与管理，并具有自我组态与自我修复功能，无须人工干预，网络节点能够感知其他节点的存在，并确定连接关系，组成结构化的网络。若增加或者删除一个节点、节点位置发生变动、节点发生故障等，网络都能够自我修复，并对网络拓扑结构进行相应的调整，无须人工干预，保证整个系统仍然能正常工作。

基于 ZigBee 的应用产品不仅提供 RF 的无线信道解决方案，同时其内置的协议栈将 ZigBee 的通信、组网等无线沟通方面的功能已完全实现，用户只需要根据协议提供的标准接口进行应用软件编程即可。

5.4.9 IETF 相关标准

国际互联网工程任务组（The Internet Engineering Task Force, IETF）是一个公开性质的大型民间国际团体，汇集了与互联网架构和互联网顺利运作相关的网络设计者、运营者、投资人和研究人员，并欢迎所有对此行业感兴趣的人士参与。IETF 的主要任务是负责互联网相关技术标准的研发和制定，是国际互联网业界具有一定权威的网络相关技术研究团体。

IETF 将工作组分类为不同的领域，每个领域由几个 Area Director（AD）负责管理。国际互联网工程指导委员会（The Internet Engineering Steering Group, IESG）是 IETF 的上层机构，它由一些专家和 AD 组成，设一个主席职位。国际互联网架构理事会(Internet Architecture Board, IAB)负责互联网社会的总体技术建议，并任命 IETF 主席和 IESG 成员。IAB 和 IETF 是互联网社会（Internet Society, ISOC）的成员。

目前，IETF 共包括 8 个研究领域、133 个处于活动状态的工作组。

1）应用研究领域（app-Applications Area），含 20 个工作组（Work Group）。

2）通用研究领域（gen-General Area），含 5 个工作组。

3）网际互联研究领域（int-Internet Area），含 21 个工作组。

4）操作与管理研究领域（ops-Operations and Management Area），含 24 个工作组。

5）路由研究领域（rtg-Routing Area），含 14 个工作组。

6）安全研究领域（sec-Security Area），含 21 个工作组。

7）传输研究领域（tsv-Transport Area），含 1 个工作组。

8）临时研究领域（sub-Sub-IP Area），含 27 个工作组。

5.4.10 OGC OpenGIS 相关标准

OpenGIS（Open Geodata Interoperation Specification）开放的地理数据互操作规范，由美国 OGC（Open Geospatial Consortium）协会提出。OGC 是一个非营利性组织，目的是促进采用新的技术和商业方式来提高地理信息处理的互操作性，它致力于消除地理信息应用（如地理信息系统、遥感、土地信息系统、自动制图/设施管理（AM/FM）系统）之间以及地理应用与其他信息技术应用之间的藩篱，建立一个无“边界”的、分布的、基于构件的地理数据互操作环境。

OGC 促进了 GIS 的互操作。它通过规范，改变了地理数据及其服务的处理方式，通过互操作的开放式系统将它们集成，从而在 Intranet/Internet 环境下，通过分布式平台从异构信息中直接获取信息。OGC 促进了地理数据提供者、厂商和服务商之间的联合，推动了全球范围内的标准化进程，拓宽了地理数据服务市场。OpenGIS 技术将使 GIS 始终处于一种有组织、开放式的状态，真正成为服务于整个社会的产业以及实现地理信息的全球范围内的共享与互操作，是未来网络环境下 GIS 技术发展的必然趋势。

本 章 习 题

1．简述 WGSN 工作组。

2．ISO、IEC、JTC1 及 WG7 分别代表什么？它们之间有怎样的关系？

3．无线传感器网络的相关标准有几大类？分别是什么？

4．试参照表 5-3（ISO TC205 建筑环境设计标准）完成一个新的建筑的设计，要求保障节能性、高效性和可行性的前提下，考虑室内环境因素（包括大气质量、温度、视觉和听觉的因素）。

第6章　软、硬件设计与测试

传感器节点是无线传感器网络的核心要素，只有通过节点才能实现感知、处理和通信。节点存储、执行通信协议和数据处理算法、节点的物理资源决定了用户从无线传感器网络中获取数据的大小、质量和频率，因而节点的设计与实施是无线传感器网络应用的关键。

无线自组网（mobile Ad hoc network）是一个由几十到上百个节点组成的、采用无线通信方式的、动态组网的多跳移动性对等网络。目的是通过动态路由和移动管理技术传输具有服务质量要求的多媒体信息流。通常节点具有持续的能量供给。

无线传感器网络虽然与无线自组网具有许多相似之处,但也存在较大的差别。传感器网络是集成了监测、控制以及无线通信的网络系统，节点数目更为庞大，分布更为密集，由于环境影响和能量耗尽的因素，传感器节点更容易出现故障，导致网络拓扑结构的变化。此外，传感器节点具有的能量、处理能力、存储能力和通信能力等都十分有限。传统无线网络的首要设计目标是提供高服务质量和高效带宽利用，其次才考虑节约能源；而无线传感器网络的首要设计目标是能源的高效使用。

传感器节点在实现各种网络协议和应用系统时，存在以下约束：

1．电源能量有限

传感器节点体积微小，通常携带能量十分有限的电池。由于传感器节点个数多、成本要求低廉、分布区域广，而且部署区域环境复杂，因此通过更换电池的方式来补充能量是不现实的。如何高效使用能量来最大化网络生命周期是传感器网络面临的首要挑战。

传感器节点消耗能量的模块主要包括传感器模块、处理器模块和无线通信模块，而传感器节点的绝大部分能量都消耗在无线通信模块。一般的无线通信模块存在发送、接收、空闲和休眠 4 种状态，模块在发送状态的能量消耗最大，空闲状态和接收状态的能量消耗接近，略小于发送状态的能量消耗，在休眠状态的能量消耗最小。如何提高网络通信效率，减少不必要的转发和接收，在不需要通信时尽快进入休眠状态，是传感器网络协议设计需要重点考虑的问题。

2．通信能力有限

传感器节点的无线通信带宽有限，通常仅有几百 kbit/s 的速率。由于节点能量的变化，受高山、建筑物、障碍物等地势地貌以及风雨雷电等自然环境的影响，无线通信性能可能经常变化，频繁出现通信中断。在这样的通信环境及有限节点通信能力的条件下，如何设计网络通信机制以满足传感器网络的通信需求是传感器网络面临的又一大难题。

3．计算和存储能力有限

传感器节点是一种微型嵌入式设备，要求价格低、功耗小，这些要求必然导致其携带的处理器能力较弱，存储器容量较小。在执行任务时，传感器节点需要完成监测数据的采集和转换、数据的管理和处理、应答汇聚节点的任务请求和节点控制等多种工作。如何利用有限的计算和存储资源完成诸多协同任务成为传感器网络设计的挑战。

6.1　传感器节点的分类

针对感知的内容不同来对传感器节点进行分类，一般分为标量感知节点和媒体感知节点。

6.1.1　标量感知节点

环境中的标量信息主要包含温度、湿度、光照以及 CO_2 等信息。标量感知节点主要具备以下特点：

1）传感器节点处理能力较低：无线传感器网络中标量感知节点首先通过节点上各种各样的标量传感器对环境信息进行转换，转换的结果一般都比较简单，并且不需要 CPU 再做其他处理就可以进行数据的传输。例如，在智能楼宇的实际系统中，温度、光照、湿度以及 CO_2 等标量数据都是通过采集后进行极少的额外处理就发送出去了。

2）传感器节点输入与输出系统简单：无线传感器网络中标量信息在采集的过程都是通过各类传感器实现，并且采集的标量信息一般数据量都十分小，对于数据的发送也不需要引入环形缓存等特殊的机制。例如，实际的智能楼宇系统中直接通过串口把采集的标量信息发送出去。

3）传感器节点能量消耗低：标量信息成功采集后无须 CPU 进行太多额外的处理，同时在采集与发送的整个过程中也都很少需要复杂的程序来进行实现，所以大多时候 CPU 以及外围硬件都处于较为空闲的状态，降低了对能量的开销。

6.1.2 媒体感知节点

媒体信息是当前多媒体信息的一种简称。多媒体信息主要包含声音、图像以及视频。媒体感知节点就是专门用于采集环境中多媒体信息数据的节点。这些节点主要具备以下特点：

1）传感器节点处理能力较强：声音、图像以及视频这些媒体信息在通过声电转换后，还必须使用CPU对其进行采样、量化以及压缩编码处理，处理的过程中将涉及较为复杂的算法实现，所以CPU必须有较好的处理能力才能够很好地完成这些工作。

2）传感器节点输入与输出系统复杂：无线传感器网络中媒体信息在采集的过程中都需要专门的一些设备，短时间内都会产生大量的数据信息，由于媒体信息一般都具备实时性，所以这些媒体信息也需要在短时间内发送出去。因此，在数据发送的过程中会引入一些特殊的缓存机制以及发送方式来保证数据采集、处理发送之间的独立性。

3）传感器节点能量消耗高：媒体信息的采集不但采集部分需要较多硬件的支持，处理也需要不断地执行复杂的软件程序，而且数据发送的过程中也需要特殊的缓存机制。这些复杂的过程就导致了进行媒体信息采集时会有较大的能量开销。

6.2 传感器节点硬件设计

根据无线传感器网络应用的特殊要求，考虑传感器网络系统的特有结构以及优于其他技术的优点，可以总结出无线传感器网络系统有以下几个关键的性能评估指标：网络的工作寿命、网络覆盖范围、网络搭建的成本和难易程度、网络响应时间。但这些评定指标之间是相互关联的，通常为了提高其中一个指标必须降低另一个指标，如降低网络的响应时间性能可以延长系统的工作寿命。这些指标构成的多维空间可以用于评估一个无线传感器网络系统的整体性能。

6.2.1 节点的设计原则

由于传感器节点工作的特殊性，在设计时应从以下几方面考虑：

1）微型化。微型化是无线传感器网络追求的终极目标。只有节点本身体积足够小，才能保证不影响目标系统环境或者造成的影响可以忽略不计。另外，在某些特殊场合甚至要求目标系统能够小到不容易被人察觉的程度，如在战争侦查等特定用途的环境下，微型化更是首先考虑的问题之一。

2）低能耗。节能是传感器节点设计最主要的问题之一。无线传感器网络要部署

在人们无法接近的场所，而且不常更换供电设备，对节点功耗要求就非常严格。在设计过程中，应采用合理的能量监测与控制机制，功耗要限制在几十毫瓦甚至更低数量级。

3）低成本。成本的高低是衡量传感器节点设计好坏的重要指标，只有成本低才能大量地布置在目标区域中，表现出传感器网络的各种优点。这就要求传感器节点的各个模块的设计不能特别复杂，使用的所有器件都必须是低功耗的，否则不利于降低成本。

4）可扩展性和灵活性。可扩展性也是传感器节点设计中必须考虑的问题，需要定义统一、完整的外部接口，在需要添加新的硬件部件时可以在现有节点上直接添加，而不需要开发新的节点，即传感器节点应当在具备通用处理器和通信模块的基础上拥有完整、规范的外部接口，以适应不同的组件。

5）稳定性和安全性。设计的节点要求各个部件都能在给定的外部环境变化范围内正常工作，在给定的温度、湿度、压力等外部条件下，传感器节点各部件能够保证正常功能，且能够工作在各自量程范围内。另外，在恶劣环境条件下能保证获取数据的准确性和传输数据的安全性。

6）深度嵌入性。传感器节点必须和所感知场景紧密结合才能非常精细地感知外部环境的变化。而正是所有传感器节点与所感知场景的紧密结合，才对感知对象有了宏观和微观的认识。

6.2.2　节点的硬件设计

建设一个无线传感器网络首先要开发可用的传感器节点。传感器节点应满足特定应用的特色需求：尺寸小、价格低、能耗低；可为所需的传感器提供适当的接口，并提供所需的计算和存储资源；能够提供足够的通信能力。图 6-1 所示为传感器节点体系结构。

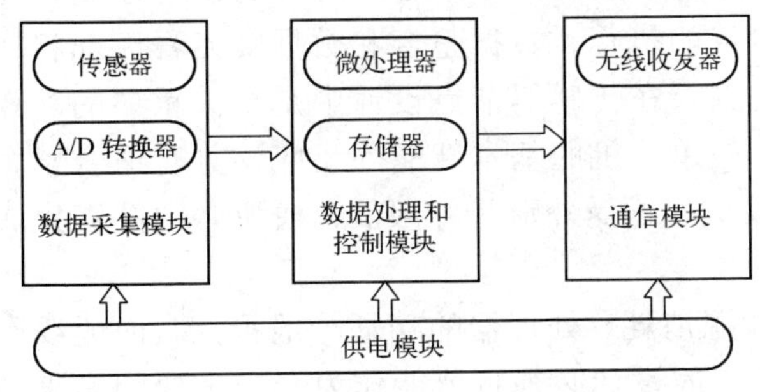

图 6-1　传感器节点体系结构

无线传感器节点由传感器模块、处理器模块、无线通信模块和电源模块 4 部分组成。

1．传感器模块

传感器在现实中的应用非常广泛，渗透在工业、医疗、军事和航天等各个领域，所以有些机构把传感器网络称为未来三大高科技产业之一。传感器网络研究的近期意义不是创造出多少新的应用，而是通过网络技术为现有的传感器应用提供新的解决办法。网络化的传感器模块相对于传统传感器的应用有如下的特点：

1）传感器模块是硬件平台中真正与外部信号量接触的模块，一般包括传感器探头和变送系统两部分。探头采集外部的温度、光照和磁场等需要传感的信息，将其送入变送系统，后者将上述物理量转化为系统可以识别的原始电信号，并且通过积分电路、放大电路整形处理，最后经过 A/D 转换器转换成数字信号送入处理器模块。

2）对于不同的探测物理量，传感器模块将采用不同的信号处理方式。因此，对于温度、湿度、光照、声音等不同的信号量，需要设计相应的检测与传感器电路，同时需要预留相应的扩展接口，以便于扩展更多的物理信号量。

传感器种类很多，可以监测温湿度、光照、噪声、振动、磁场、加速度等物理量。美国的 Crossbow 公司基于 Mica 节点开发了一系列传感器板，采用的传感器有光敏电阻 Clairex CL4L、温敏电阻 ERTJ1VR103J（松下电子公司）、加速度传感器 ADI ADXL202、次传感器 Honeywell HMC1002 等。

传感器电源的供电电路设计对传感器模块的能量消耗来说非常重要。对应小电流工作的传感器（几百微安），可由处理器 I/O 口直接驱动；当不用该传感器时，将 I/O 口设置为输入方式。这样外部传感器没有能量输入，也就没有能量消耗，如温度传感器 DS18B20 就可以采用这种方式。对应大电流工作的传感器模块，I/O 口不能直接驱动传感器，通常使用场效应管来控制后级电路的能量输入。当有多个大电流传感器接入时，通常使用集成的模拟开关芯片来实现电源控制。

2．处理器模块

处理器模块是传感器节点的计算核心，所有的设备控制、任务调度、能量计算和功能协调、通信协议的执行、数据整合和数据转储程序都将在这个模块的支持下完成，所以处理器的选择在传感器节点设计中是至关重要的。作为硬件平台的中心模块，除了应具备一般单片机的基本性能外还应该具有适合整个网络需要的特点：

1）尽可能高的集成度。受外形尺寸限制，模块必须能够集成更多的节点的关键部位。

2）尽可能低的能源消耗。处理器的功耗一般很大，而无线网络中没有持续的能源供给，这就要求节点的设计必须将节能作为一个重要因素来考虑。

3）尽量快的运行速度。网络对节点的实时性要求很高，要求处理器的实施处理能力要强。

4）尽可能多的 I/O 和扩展接口。多功能的传感器产品是发展的趋势，而在前期

设计中，不可能把所有的功能都包括进来，这就要求系统有很强的可扩展性。

5）尽可能低的成本。如果传感器节点成本过高，必然会影响网络化的布局。

目前，使用较多的有 ATMEL 公司的 AVR 系列单片机，Berkeley 大学研制的 Mica 系列节点大多采用 ATMEL 公司的微控制器。TI 公司的 MSP430 超低功耗系列处理器，不仅功能完整、集成度高，而且根据存储容量的多少提供多种引脚兼容的处理器，使开发者很容易根据应用对象平滑升级系统。在新一代无线传感器节点 Tools 中使用的就是这种处理器，Motorola 公司和 Renesas 公司也有类似的产品。

3．无线通信模块

无线通信模块由无线射频电路和天线组成，目前采用的传输媒体包括无线电、红外线和光波等。它是传感器节点中最主要的耗能模块，是传感器节点的设计重点。

（1）无线电传输

无线电波易于产生，传播距离较远，容易穿透建筑物，在通信方面没有特殊的限制，比较适合在未知环境中需求的自主通信，是目前传感器网络的主流传输方式。

在频率选择方面，一般选用 ISM 频段，主要原因在于 ISM 频段是无须注册的公用频段，具有大范围的可选频段，没有特定标准，可灵活使用。

在机制选择方面，传统的无线通信系统需要考虑的重要指标包括频谱效率、误码率、环境适应性以及实现的难度和成本。在无线传感器网络中，由于节点能量受限，需要设计以节能和低成本为主要指标的调制机制。为了实现最小化符号率和最大化数据传输率的指标，研究人员将 M-ary 调制机制应用于传感器网络，然而，简单的多相位 M-ary 信号会降低检测的敏感度，而为了恢复连接则需要增加发射功率，因此导致额外的能量浪费。为了避免该问题，准正交的差分编码位置调制方案采用四位二进制符号，每个符号被扩展为 32 位伪噪声码片序列，构成半正弦脉冲波形的交错正交相移键控调制机制，仿真实验表明该方案的节能性能较好。

另外，加州大学伯克利分校 U.C.Berkeley 研发的 PicoRadio 项目采用了无线电唤醒装置。该装置支持休眠模式，在满占空比情况下消耗的功率也小于 1 μW。DARPA 资助的 WINS 项目研究了如何采用 CMOS 电路技术实现硬件的低成本制作。AIT 研发的 uAMPS 项目在设计物理层时考虑了无线收发器启动能量方面的问题。启动能量是指无线收发器在休眠模式和工作模式之间转换时消耗的能量。研究表明，启动能量可能大于工作时消耗的能量。这是因为发送时间可能很短，而无线收发器由于受制于具体的物理层的实现，其启动时间却可能相对较长。

（2）红外线传输

红外线作为传感器网络的可选传输方式，其最大的优点是这种传输不受无线电干扰，且红外线的使用不受国家无线电管理委员会的限制。然而，红外线对非透明物体的穿透性极差，只能进行视距传输，因此只在一些特殊的应用场合下使用。

（3）光波传输

与无线电传输相比，光波传输不需要复杂的调制、解调机制，接收器的电路简单，单位数据传输功耗较小。在 Berkeley 大型的 SmartDust 项目中，研究人员开发了基于光波传输，具有传感、计算能力的自治系统，提出了两种光波传输机制，即使用三面直角反光镜（CCR）的被动传输方式和使用激光二极管、易控镜的主动传输方式。对于前者，传感器节点不需要安装光源，通过配置 CCR 来完成通信；对于后者，传感器节点使用激光二极管和主控激光通信系统发送数据。光波与红外线相比，通信双发不能被非透明物体阻挡，只能进行视距传输，应用场合受限。

（4）传感器网络无线通信模块协议标准

在协议标准方面，目前传感器网络的无线通信模块设计有两个可用标准：IEEE 802.15.4 和 IEEE 802.15.3a。IEEE 802.15.3a 标准的提交者把 UWB 作为一个可行的高速率 WPAN 的物理层选择方案，传感器网络正是其潜在的应用对象之一。

4．电源模块

电源模块是任何电子系统的必备基础模块。对传感器节点来说，电源模块直接关系到传感器节点的寿命、成本、体积和设计复杂度。如果能够采用大容量电源，那么网络各层通信协议的设计、网络功耗管理等方面的指标都可以降低，从而降低设计难度。容量的扩大通常意味着体积和成本的增加，因此电源模块设计中必须首先合理地选择电源种类。

市电是最便宜的电源，不需要更换电池，而且不必担心电能耗尽。但在具体应用市电时，一方面因受到供电电缆的限制而削弱了无线节点的移动性和适用范围；另一方面，用于电源电压的转换电路需要额外增加成本，不利于降低节点造价。但是对于一些使用市电方便的场合，如电灯控制系统等，仍可以考虑使用市电供电。

电池供电是目前最常见的传感器节点供电方式。原电池（如 AAA 电池）以其成本低廉、能量密度高、标准化程度高、易于购买等特点而备受青睐。虽然使用可充电的蓄电池似乎比使用原电池好，但与原电池相比，蓄电池也有很多缺点，如它的能量密度有限。蓄电池的重量能量密度和体积能量密度远低于原电池，这就意味着要达到同样的容量要求，蓄电池的尺寸和重量都要大一些。此外，与原电池相比，蓄电池的维护成本也不可忽略。尽管有这些缺点，蓄电池仍然有很多可取之处。蓄电池的内阻通常比原电池要低，这在要求峰值电流较高的应用中是很有好处的。

在某些情况下，传感器节点可以直接从外界的环境中获取足够的能量，包括通过光电效应、机械振动等不同方式获取能量。如果设计合理，采用能量收集技术的节点尺寸可以做得很小，因为它们不需要随身携带电池。最常见的能量收集技术包括太阳能、风能、热能、电磁能、机械能的收集等。例如，利用袖珍化的压电发生器收集机械能，利用光敏器件收集太阳能，利用微型热电发电机收集热能等。

节点所需的电压通常不止一种，这是因为模拟电路与数字电路所要求的最优供

电电压不同，非易失性存储器和压电发生器及其他的用户界面需要使用较高的电源电压。任何电压转换电路都会有固定开销，对于占空比非常低的传感器节点而言，这种开销占总功率的比例可能是非常大的。

6.3　网络开发测试平台技术

无线传感器网络软件平台在体系架构上与传统无线设备具有鲜明的差异性，传统无线设备解决重点在于人与人的互连互通，而传感器网络技术则将通信的主体从人与人扩展到了人与物、物与物的互连互通，因此必须在软件平台设计中详细考虑传感器、协同信息处理、特殊应用开发等。

6.3.1　操作系统

对于某些只需执行单一任务的设备（如数码照相机、微波炉等），在其微处理器上运行更多的是针对特定应用的前后台系统。相反，通用设备（如掌上电脑、平板电脑等）采用嵌入式操作系统提供面向多种应用的服务，以降低开发难度。

传感器节点介于不需要操作系统执行的单一任务设备和需要嵌入式操作执行更多扩展性应用的通用设备之间，因而需要设计符合无线传感器网络需求的操作系统。从传统操作系统定义出发，无线传感器网络操作系统并不是真正意义上的操作系统，它只为开发应用提供数量有限的共同服务，最为典型的是对传感器、I/O 总线、外置存储器件等的硬件管理。根据应用需求，无线传感器网络操作系统还提供诸如任务协同、电源管理、资源受限调整等共同服务。

无线传感器网络操作系统与传统的 PC 操作系统在很多方面都是不同的，这些不同来源于其独特的硬件结构和资源。无线传感器网络操作系统设计考虑以下几个方面：

（1）硬件管理

操作系统的首要任务是在硬件平台上实现硬件资源管理。无线传感器网络操作系统提供如读取传感器、感知、时钟管理、收发无线数据等抽象服务。由于硬件资源受限，无线传感器网络操作系统不能提供硬件保护，这就直接影响到调试、安全及多任务系统协同等功能。

（2）任务协同

任务协同直接影响调度和同步。无线传感器网络操作系统需为任务分配 CPU 资源，为用户提供排队和互斥机制。任务协同决定了以下两种代价消耗：CPU 的调度策略和内存。每个任务需要分配固定大小静态内存和栈，对于资源受限的传感器节点来讲，多任务情况下内存代价是很高的。

（3）资源受限

资源受限主要体现在数据存储、代码存储空间和 CPU 速度。从经济角度出发，无线传感器网络操作系统总是运行在低成本的硬件平台上，以便于大规模部署。硬件平台资源受限只能依赖于信息技术的进步。目前的芯片技术还无法大规模降低无线传感器网络的硬件成本。

（4）电源管理

近几十年来，根据摩尔定律[㊀]，CPU 的速度和内存大小有了很大的进步，但是电池技术不像芯片技术那样发展迅速。传感器节点大部分采用电池供电，电池技术没有实质性的提高，因而只能减少节点的电池消耗，延长节点寿命。在传感器节点中，无线传输产生的功耗是最大的。发送 1bit 数据的功耗远大于处理 1bit 数据的功耗。

（5）内存

内存是网络协议栈主要代价消耗之一。为最大化利用数据内存，应整合利用网络协议栈和无线传感器网络操作系统的内存。

（6）感知

无线传感器网络操作系统必须提供感知支持。感知数据来源于连续信号、周期性信号或事件驱动的随机信号。

（7）应用

与用户驱动的应用不同，一个传感器节点只是一个分布式应用中的很少一部分。优化无线传感器网络操作系统以实现与其他节点的交互，对系统应用具有很重要的意义。

（8）维护

大量随机布设传感器节点，很难通过人工的方法实现维护。无线传感器网络操作系统应支持动态重编程，允许用户通过远程终端实现任务的重新分配。

6.3.2 WSN 专用的软件开发平台 TinyOS

针对无线传感器网络的编程语言目前最流行的是 nesC 语言。nesC 是一种 C 语法风格、开发组件式结构程序的语言，支持 TinyOS 的并发模型，以及组织、命名和连接组件成为健壮的嵌入式网络系统的机制。利用 nesC 语言开发的 TinyOS 软件开发系统是专门针对无线传感器网络的操作系统。

TinyOS 是一个开源的嵌入式操作系统，它是由 U.C.Berkeley 开发出来的，主要应用于无线传感器网络方面。它是基于组件（Component-Based）的架构方式，使得

㊀ 摩尔定律是由英特尔（Intel）创始人之一戈登·摩尔（Gordon Moore）提出的。其内容如下：当价格不变时，集成电路上可容纳的元器件的数目每隔 18～24 个月便会增加一倍，性能也将提升一倍。换言之，每一美元所能买到的计算机性能，将每隔 18～24 个月翻一倍以上。这一定律揭示了信息技术进步的速度。

能够快速实现各种应用。TinyOS 的程序采用的是模块化设计，所以它的程序核心往往都很小（一般来说核心代码和数据大概在 400B 左右），能够突破传感器存储资源少的限制，这能够让 TinyOS 很有效地运行在无线传感器网络上并去执行相应的管理工作等。TinyOS 本身提供了一系列的组件，可以简单方便地编制程序，用来获取和处理传感器的数据并通过无线电来传输信息。可以把 TinyOS 看成是一个可以与传感器进行交互的 API 接口，它们之间可以进行各种通信。TinyOS 在构建无线传感器网络时，会有一个基地控制台，主要用来控制各个传感器子节点，并聚集和处理它们所采集到的信息。TinyOS 在控制台发出管理信息，然后由各个节点通过无线网络互相传递，最后达到协同一致的目的，非常方便。

1．TinyOS 框架

图 6-2 是 TinyOS 的总体框架。物理层硬件为框架的最底层，传感器、收发器以及时钟等硬件能触发事件的发生，交由上层处理。相对下层的组件也能触发事件交由上层处理。而上层会发出命令给下层处理。为了协调各个组件任务的有序处理，需要操作系统采取一定的调度机制。

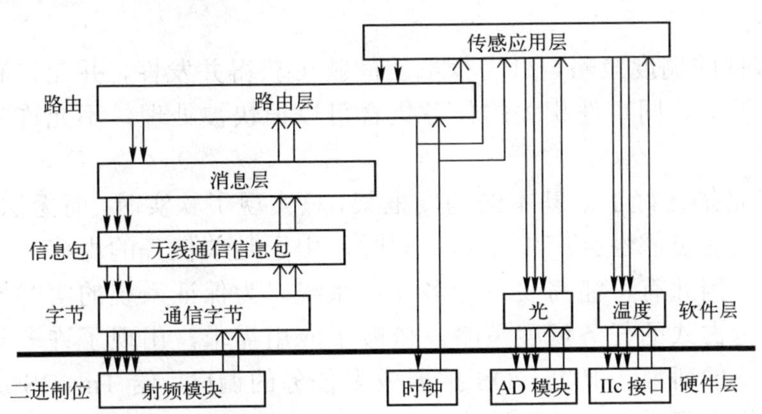

图 6-2　TinyOS 总体框架图

图 6-3 提供了 TinyOS 组件所包括的具体内容，包括一组命令处理函数、一组事件处理函数、一组任务集合、一个描述状态信息和固定数据结构的框架。除了 TinyOS 提供的处理器初始化、系统调度和 C 运行时库（C Run-Time）3 个组件是必需的以外，每个应用程序可以非常灵活地使用任何 TinyOS 组件。

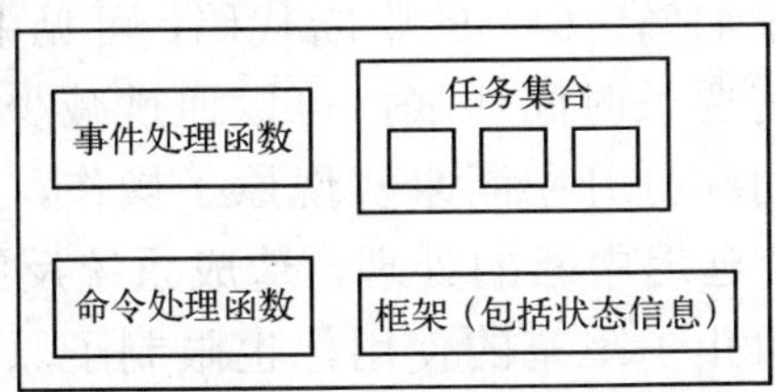

图 6-3　TinyOS 组件的功能模块

这种面向组件的系统框架的优点如下：首先，“事件-命令-任务”的组件模型可以屏蔽低层细节，有利于程序员更方便地编写应用程序；其次，“命令-事件”的双向信息控制机制，使得系统的实现更加灵活；再次，调度机制独立成单独的一块，有利于为了满足不同调度需求进行的修改和升级。

2．TinyOS 内核

（1）调度机制

TinyOS 的调度模型为“任务+事件”的两级调度，调度的方式是任务不抢占事件要抢占，调度的算法是简单的先入先出（FIFO），任务队列是功耗敏感的。调度模型有以下特点：

1）基本的任务单线程运行到结束，只分配单个任务栈，这对内存受限的系统很重要。

2）FIFO 的任务调度策略是电源敏感的。当任务队列为空时，处理器休眠，等待事件发生来触发调度。

3）两级的调度结构可以实现优先执行少量同事件相关的处理，同时打断长时间运行的任务。

4）基于事件的调度策略，只需少量空间就可获得并发性，并允许独立的组件共享单个执行上下文。同事件相关的任务集合可以很快被处理，不允许阻塞，具有高度并发性。

TinyOS 只是搭建好了最基本的调度框架，只实现了软实时，而无法满足硬实时，这对嵌入式系统的可靠性会产生影响。同时，由于是单任务的内核，吞吐量和处理器利用率不高，因此有可能需要设计多任务系统。为保证系统的实时性，多采用基于优先级的可抢占式的任务调度策略。依赖于应用需求，出现了许多基于优先级多任务的调度算法的研究。把 TinyOS 扩展成多任务的调度，给 TinyOS 加入了多任务的调度功能，提高了系统的响应速度。Pankaj G Sodagam 提出在 TinyOS 中实现基于时限（deadline）的优先级调度，有利于提高无线传感器网络系统的实时性。Venkat Subramaniam 提出了一种任务优先级调度算法来相对提高过载节点的吞吐量以解决本地节点包过载的问题。

（2）中断

在 TinyOS 中，代码运行方式为响应中断的异步处理或同步调度任务。TinyOS 的每一个应用代码里，约有 41%～64%的中断代码，可见中断的优化处理非常重要。对于低功耗的处理而言，需要长时间休眠，可以通过减少中断的开销来降低唤醒处理器的功耗。目前通过禁用和打开中断来实现原子操作，这个操作非常的短暂。然而，让中断关掉很长时间会延迟中断的处理，造成系统反应迟钝。TinyOS 的原子操作能工作得很好是因为它阻止了阻塞的使用，也限制了原子操作代码段的长度，而这些条件的满足是通过 nesC 编译器来协助处理的。由于 nesC 编译器对 TinyOS 做

静态的资源分析以及其调度模式决定了中断不允许嵌套。在多任务模式下，中断嵌套可以提高实时响应速度。

（3）时钟同步

TinyOS 提供获取和设置当前系统时间的机制，同时在无线传感器网络中提供分布式的时间同步。TinyOS 是以通信为中心的操作系统，因此更加注重各个节点的时间同步。例如，传感器融合应用程序收集一组从不同地方读来的信息（如较短距离位置需要建立暂时一致的数据），TDMA 风格的介质访问协议需要精确的时间同步，电源敏感的通信调度需要发送者和接收者在它们的无线信号开始时达成一致等。

加州大学洛杉矶分校（UCLA）、Vanderbilt 和 U.C.Berkeley 分别用不同方法实现了时间同步。这 3 个实现都精确到子毫秒级，最初打算开发一个通用的、底层的时间同步组件，结果失败了。应用程序需要一套多样的时间同步，因此只能把时钟作为一种服务来灵活地提供给用户取舍使用。

某些情况允许逐渐的时间改变，但另一些则需要立即转换成正确的时间。当时间同步改变下层时钟时，会导致应用失败。某些系统（如 NTP）通过缓慢调整时钟来同邻节点同步的方式规避这个问题。NTP 方案很容易在像 TinyOS 那样对时间敏感的环境中出错，因为时间即使早触发几毫秒都会引起无线信号或传感器数据丢失。

目前，TinyOS 采用的方案是提供获取和设置当前系统时间的机制（TinyOS 的通信组件 GenericComm，使用 hook 函数为底层的通信包打上时间戳，以实现精确的时间同步），同时靠应用来选择何时激活同步。例如，在 TinyDB 应用中，当一个节点监听到来自于路由树中父节点的时间戳消息后会调整自己的时钟以使下一个通信周期的开始时间跟父节点一样。它改变通信间隔的睡眠周期持续时间而不是改变传感器的工作时间长度，因为减少工作周期会引起严重的服务问题，如数据获取失败。

J. Elson 和 D. Estrin 给出了一种简单实用的同步策略。其基本思想是，节点以自己的时钟记录事件，随后用第三方广播的基准时间加以校正，精度依赖于对这段间隔时间的测量。这种同步机制应用在确定来自不同节点的监测事件的先后关系时有足够的精度。设计高精度的时钟同步机制是无线传感器网络设计和应用中的一个技术难点。

也有一些应用更重视健壮性而不是最精确的时间同步。例如，TinyDB 只要求时间同步到毫秒级，但需要快速设置时间。在 TinyDB 中，简单的、专用的抽象是种很自然的提供这种时间同步服务的方式，但是这种同步机制并不满足所有需要的通用的时间同步。另外，还可以采取 Lamport 分布式同步算法，并不全部靠时钟来同步。

（4）任务通信和同步

任务同步是在多任务的环境下存在的。因为多个任务彼此无关，并不知道有其他任务的存在，如果共享同一种资源就会存在资源竞争的问题。它主要解决原子操作和任务间相互合作的同步机制。

TinyOS 中用 nesC 编译器检测共享变量有无冲突，并把检测到的冲突语句放入原子操作或任务中来避免冲突（因为 TinyOS 的任务是串行执行的，任务之间不能互相抢占）。TinyOS 单任务的模型避免了其他任务同步的问题。如果需要，可以参照传统操作系统的方法，利用信号量来给多任务系统加上任务同步机制，使得提供的原子操作不是关掉所有的中断，从而使得系统的响应不会延迟。

在 TinyOS 中，由于是单任务的系统，不同的任务来自不同的网络节点，因此采用管道的任务通信方式，也就是网络系统的通信方式。管道是无结构的固定大小数据流，但可以建立消息邮箱和消息队列来满足结构数据的通信。

3．TinyOS 内存管理

TinyOS 的原始通信使用缓冲区交换策略来进行内存管理。若网络包被收到，则无线组件传送一个缓冲区给应用，应用返回一个独立的缓冲区给组件以备下一次接收。通信栈中，管理缓冲区是很困难的。传统的操作系统把复杂的缓冲区管理推给了内核处理，以复制复杂的存储管理以及块接口为代价，提供一个简单的、无限制的用户模式。AM 通信模型不提供复制而只提供简单的存储管理。消息缓冲区数据结构是固定大小的。若 TinyOS 中的一个组件接收到一个消息，则它必须释放一个缓冲区给无线栈。无线栈使用这个缓冲区来装下一个到达的消息。一般情况下，一个组件在缓冲区用完后会将其返回，但是如果这个组件希望保存这个缓冲区待以后用，会返回一个静态的本地分配缓冲区，而不是依靠网络栈提供缓冲区的单跳通信接口。

静态分配的内存有可预测性和可靠性高的优点，但缺乏灵活性。不是预估大了而造成浪费，就是预估小了造成系统崩溃，为了充分利用内存，可以采用响应快的、简单的 slab 动态内存管理。

4．TinyOS 通信

通信协议是无线传感器网络研究的另一大重点。通信协议的好坏不仅决定通信功耗的大小，同时也影响到通信的可靠性（包的丢失率、包过载等）。TinyOS 为满足这样要求的通信协议提供了基于轻量级 AM 通信模型的最小的通信内核。

5．低功耗实现技术

（1）电源管理服务

TinyOS 的电源管理服务就是提供功能库，供应用程序决定何时用何种功能，不是强迫应用必须使用，而是给应用很大的决定权。

（2）编译技术

由于在无线传感器网络中，许多组件长时间不能维护，需要稳定和健壮性，而

且因为资源受限，要求非常有效的简单接口，只能静态分析资源和静态分配内存。nesC 就是满足这种要求的编译器，使用原子操作和单任务模型来实现变量竞争检测，消除了许多变量共享带来的并发错误；使用静态的内存分配和不提供指针来增加系统的稳定性和可靠性；使用基于小粒度的函数剪裁方法（inline）来减少代码量和提高执行效率（减少了 15%～34%的执行时间）；并利用编译器对代码整体的分析做出对应用代码的全局优化。nesC 提供的功能，整体地优化了通信和计算的可靠性和功耗。又如 galsC 编译器，它是对 nesC 语言的扩展，具有更好的类型检测和代码生成方法，并具有应用级的很好的结构化并发模型，很大程度上减少了并发的错误，如死锁和资源竞争。

（3）分布式技术

计算和通信的整体效率的提高需要用到分布式处理技术。借鉴分布式技术，实现优化有两种方式：数据迁移和计算迁移。数据迁移是把数据从一个节点传输到另一个节点，然后由后一个节点进行处理。而计算迁移是把处理数据的计算过程从一个节点传输到另一个节点。在无线传感器网络系统中，假设节点运行的程序一样，那么计算过程就不用迁移，只要发送一个过程的名字就可以了，这也就是 AM 通信模型的做法。

（4）数据压缩

在 GDI 项目中，使用 Huffman 编码或 Lempel-Ziv 对数据进行了压缩处理，使得传输的数据量减少了 2～4 倍。但是，当把这些压缩数据写入存储区时，功耗却增加了许多。综合起来并未得到好的功耗结果。由于 GDI 项目的重点在于降低系统的功耗，因此它并未分析压缩处理同增加系统可靠性的关系，最后它摒弃了数据压缩传送的方法。事实上，可以对数据压缩法给功耗和可靠性带来的影响做进一步分析。

本章习题

1．简述传感器节点的分类。

2．简述传感器节点的设计原则。

3．简述 TinyOS 的内核设计。

第7章　典型应用设计

无线传感器网络是由应用驱动的网络，凭借其可快速部署、可自组织、隐蔽性等技术特点，广泛应用于国防军事、环境监测、医疗卫生、工业监控、智能电网、智能交通等多个领域。本章将列举无线传感器网络在一些重要领域的应用实例，如智能家居、智能温室系统及智能化远程医疗监护等典型应用系统的设计，深入理解无线传感器网络软硬件相关技术的设计与应用。

7.1　智能家居系统

良好、宜居的生活环境一直是人类对于幸福生活的憧憬与追求之一。随着社会的不断发展和居民的生活水平持续提高，人们对于家居环境的要求也越来越高。目前，我国现有大多数住宅的家居环境都存在能耗过高与安防措施落后等问题。进入信息时代，家居环境构建思路正在转向健康、舒适、便利、安全。家居智能化已经成为人们的迫切需求。

智能家居（又称智能住宅）是集系统、结构、服务、管理等于一体的居住环境。它以住宅为平台，利用先进的计算机控制技术、智能信息管理技术与通信传输技术，将家庭安防系统、家电控制系统等各子系统有机地结合在一起，通过统筹管理，使家居环境变得更加舒适与安全。与传统家居相比，智能家居让住宅变为能动的、有智慧的生活工具，它不仅能够提供安全、宜居的家庭空间，还能够优化家居生活方式，帮助人们实时监控家庭的安全性并能高效地利用能源，实现低碳、节能、环保。

智能家居利用了计算机、传感、网络、通信与自动控制等技术，将与家庭及生活有关的各种应用子系统有机地结合在一起，通过综合管理，使得家庭生活更舒适、安全、有效和节能。智能家居一般包括以下系统：智能照明、网络通信、家电控制、家庭安防等。

7.1.1　相关技术

智能家居系统中的关键技术是信息传输和智能控制，涉及综合布线技术、电力线载波技术、无线网络技术等。

1）综合布线技术：需要重新额外布设弱电控制线，信号比较稳定，比较适合于楼宇和小区智能化等大区域范围的控制，但安装比较复杂，造价较高，工期较长。

2）电力线载波技术：可以通过电线传递信号，无须重新布线，但存在噪声干扰强、信号会在传输过程中衰减等缺点。

3）无线网络技术：通过红外线、蓝牙、ZigBee 等技术实现了各类电子设备的互联互通与智能控制。无线网络技术可以提供更大的灵活性、流动性，省去了花在综合布线上的费用和精力，无线网络技术应用于家庭网络已成为势不可挡的趋势。红外技术比较成熟，但必须直线视距连接；蓝牙适合于语音业务及需要高数据量的业务，如耳机、移动电话等；ZigBee 作为一种低成本、低功耗、低数据速率的技术，更适合家庭自动化、安全保障系统及进行低数据速率传输的低成本设备。目前，ZigBee 是智能家居最理想的选择。

7.1.2　需求分析

当前国内信息化产业发展迅速，数字化的家居设备层出不穷，智能家居系统在人们日常生活中的作用变得越来越重要，随着数字化设备的增多和人们对舒适度要求的提高，现有的智能家居系统越来越难以满足人们的要求。

目前的智能家居系统在家庭内部的通信方式要么采用有线的方式，要么采用蓝牙等短距离通信协议，有线的通信方式不仅费用高，而且复杂的布线会使家居的美观程度大打折扣，并且灵活度很低；对于蓝牙的通信方式，虽然改善了有线通信的不足，但是其设备的高额成本很大程度上限制了智能家居的发展。由此看来，需要选择一种灵活、可靠，而且成本低廉的内部通信方式。

通过借鉴国内外智能家居系统的设计经验和思想，家庭内部网络通过 ZigBee 协议形成自组织的无线局域网络，不受布线的限制，而且成本低廉，适于大量生产使用，真正地实现智能化控制。

1. 功能需求

1）借助传感器实现对温度、湿度、照度的监测。

2）防盗系统红外感应及报警。

3）消防系统煤气及烟感报警。

4）家电的控制系统的开关状态。

5）移动网络相联通的远程监控。

2．应用需求

1）系统整体安全性。

2）传输数据可靠性。

3）用户操作简单易行。

4）设备控制规范。

5）低成本运行（包括低功耗）。

7.1.3 系统架构

用户通过安装在手持终端的上位机软件（通常为 PC、智能手机、平板电脑等）来对家居设备进行控制，控制命令由手持终端通过网络发送到家庭网关中，家庭网关接收到控制指令后，下发到中央控制器中，即由 ZigBee 协议组成的自组织局域网络协调器，中央控制器对命令进行解析，形成内网控制帧，发送给相应控制终端节点完成控制操作。控制结果会及时反馈到上位机界面中进行显示。智能家居系统架构图如图 7-1 所示。

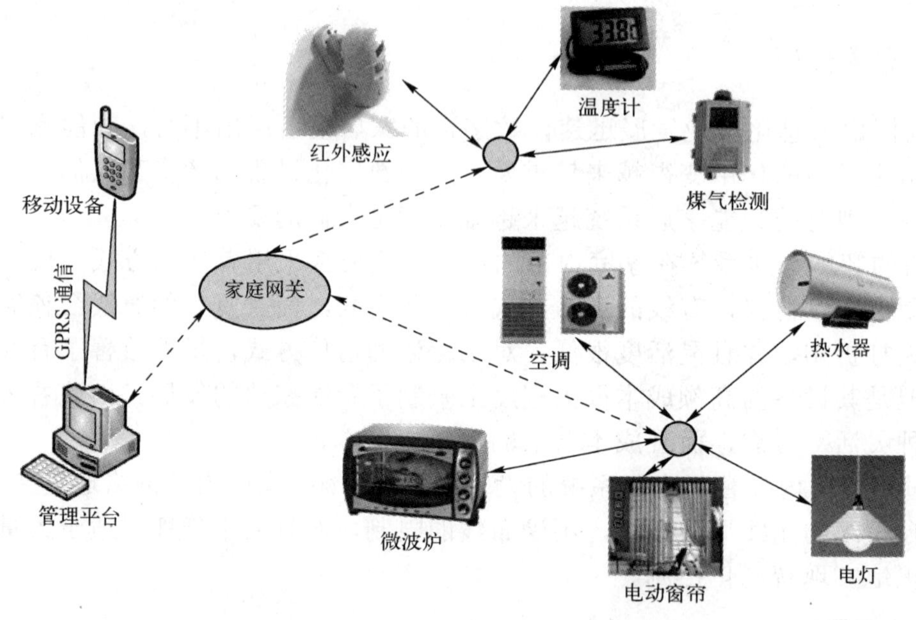

图 7-1　智能家居系统架构图

7.1.4 功能模块

根据系统各模块的不同功能，对系统进行详细划分，可得到如图 7-2 所示的系

统功能模块图。最上端为客户端应用软件，属于整个系统的上位机部分，为用户提供友好的操作和反馈界面。用户首先需要通过 Wi-Fi、GPRS 或因特网连接到家庭网关，然后进入登录界面，输入授权账号和密码，获得对智能家居系统的操作权，进入操作界面后，可通过单击交互界面中的控制按钮，甚至是通过语音的方式实现对家居的远程无线控制。

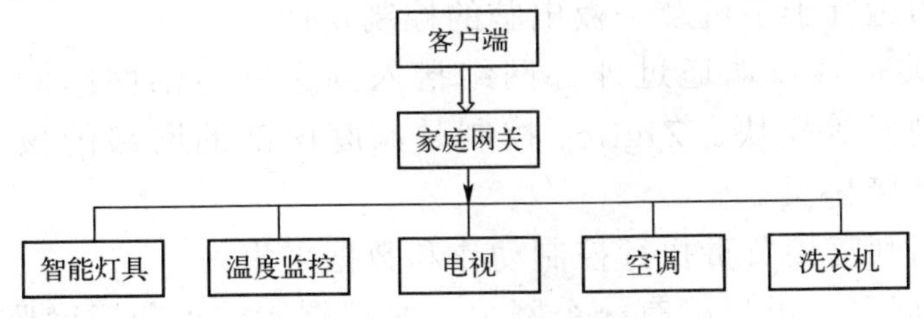

图 7-2 系统功能模块图

位于客户端下面的是系统的家庭网关，它在系统中充当服务器的角色，负责侦听和处理来自于客户端发起的连接请求，由于用户通常不只有一个，网关服务器需要对多个用户的接入进行管理，并保存用户操作记录，同时负责从网络上接收来自于用户的操作指令，对命令进行解析和处理后发送到家庭内部网络的中央控制器中。智能家居设备的操作结果和数据也要通过网关反馈给相应的用户上位机程序中进行显示，当用户退出时，负责切断当前的连接。家庭网关的设立有助于整个系统安全性的提升，使内网协议与外网协议完全独立开来，内外网络通信协议的改变对整个系统其他模块没有影响，便于系统的开发扩展，同时可以做到为不同的用户设定不同的权限，进行身份验证，保证位于内网的智能设备不被非法访问和操作。

家庭网关中集成智能家居系统内部网络的 ZigBee 控制器，负责解析来自客户端的控制命令，同时以 ZigBee 协议与下端的控制节点、监测节点形成网络，解析来自网关的控制命令后，发送到相应的控制节点中，完成对智能设备的控制动作。同时，ZigBee 控制器收集来自终端控制节点和监测节点的状态数据，如温度数据、控制结果反馈数据等。收集到的数据通过外部网络传递到用户界面中进行显示。

智能家居系统的最下端是与家用电器相连的控制终端节点，或者是用于环境检测的传感节点，控制节点与家用电器相连，对家用电器进行直接控制，如开关、电视的调台、空调的温度调节等。传感节点用于室内温度和湿度的监控。

系统中还包括视频监控功能，可以通过 IP 摄像头远程获得视频流，随时随地地了解家里面的动向，同时实现手势识别功能，位于摄像头范围内的人员可以通过手势动作对家居设备进行控制。

7.1.5 软件设计与评测

1. 软件设计

智能家居系统软件设计分为客户端、家庭网关和控制终端 3 个部分。

1）客户端为运行于手机及平板电脑的控制软件。

2）家庭网关是客户端通过外部网络接入到家庭内部网络的关口，包含网络接入和中央控制器等模块。ZigBee 控制是家庭内部的网络的核心部分，是家居设备和网关的连接桥梁。

3）控制终端则直接负责执行控制动作和数据采集。

一个智能家居系统中只能有一个网关，终端控制节点和温度监控节点数量根据用户的需求确定。

上位机的主要功能是提供友好的人机交互界面，用户通过可视化界面触控、语音和手势控制等发送指令，同时控制结果和数据也及时地显示在用户的操作界面中。

下位机为家庭网关，包括网络接入模块、ZigBee 控制器和控制监控终端 3 部分，其中网络接入模块的主要任务是为上位机与 ZigBee 控制器建立连接的桥梁，使上位机通过 Wi-Fi、GPRS、互联网等方式与 ZigBee 控制器进行通信；ZigBee 控制器负责解析接收到的客户端指令，通过 ZigBee 网络分发到相应的 ZigBee 控制终端，并且负责汇集控制监控终端的信息；ZigBee 控制终端的作用是接收 ZigBee 控制器的无线指令，完成对家居的控制动作，或者进行温度监控。

2. 评测

各项评测要求如下。

1）稳定性测试：长时间运行系统，检查电源电压、液晶显示、传感器、无线模块等。经测试，系统各电源运行正常，电压均在正常值范围之内；液晶显示清晰、无闪屏；传感器工作正常，采样的数据正确；无线模块无死机现象等。

2）硬件安全性：电路板焊接完毕后，找出硬件整体上的错误，如接口松动、接触不良，电源不稳定等；检查各类接口，保证电路不出现短路等问题；长时间运行程序并检查芯片工作情况与工作状态（温度、电压等)。

3）传感器采样程序测试。以 1s 或 2s 间隔频率采集各个传感器，连续采集 24 小时以上，观察 LCD 显示是否有异常数据出现。

4）单片机与无线模块通信测试。单片机每采样到一次传感器信号，处理后及时将数据发送到无线模块，通过观察电路板上的通信指示灯观察无线模块是否接收到数据。

5）人机操作界面程序测试。多次重复操作按键菜单，设置各个系统参数，查看

程序是否正常运行，分析是否有Bug。

6）上位机通信程序测试。以1s间隔频率发送命令（24小时以上），查看系统是否能及时返回数据，返回数据是否正确；设置各个波特率，查看通信是否正常。

7.2 智能温室系统

智能温室是在普通日光温室的基础上，借助传感器、电子、计算机网络等高科技手段，对植物生长环境中的温度、湿度、光照、土壤水分、CO_2等环境因子进行检测，通过执行机构实现加温、通风、施肥、补光、帘幕开关等自动控制，从而达到全天候无人管理，实现生产的自动化，创造适合作物生长的最佳环境，提高产品质量和生产效率的高效农业设施。

随着社会经济的发展，以智能温室为代表的设施农业作为农业可持续发展、提高农业生产率的重要途径，越来越受到相关企业的重视，成为农业生产的重要组成部分。温室大棚内温度、湿度、光照强弱以及土壤的温度和含水量等因素，对温室的作物生长起着关键性作用。温室自动化控制系统采用计算机集散网络控制结构对温室内的空气、温度、土壤温度、相对湿度等参数进行实时自动调节、检测，创造植物生长的最佳环境，使温室内的环境接近人工设想的理想值，以满足温室作物生长发育的需求，适用于种苗繁育、高产种植、名贵珍稀花卉培养等场合，以增加温室产品产量，提高劳动生产率，是高科技成果为规模化生产的现代农业服务的成功范例。

智能温室的应用会逐渐普及，作为智能温室核心组成部分的环境控制系统也有很大的市场需求，具有广阔的产业化前景和推广价值。除了温室生产外，基于无线传感器网络的温室测量系统经过改动，完全可以使用到其他场景之中。例如，无线传感器网络在智能家居中的应用，通过无线方式人们可以对家居环境进行远程监测和遥控，很大程度地提高了家居生活水平；在环保领域，无线传感器网络可以用于监控某些地区的环境污染情况等。

7.2.1 需求分析

国内外智能温室的研究发展方向主要有以下几个方面。

1）多参数综合监测：影响植物生长的因素除了温度、湿度外，还与光照强度、CO_2、通风、水分等因素有关，因此监测功能齐全的多参数监控系统成为温室测控系统的发展主体。

2）无线网络结构：无线网络环境监控系统具有传统有线方式不具备的很多优势，性价比高，成为设施农业技术研发的方向，并逐渐取代有线方式成为监控系统的主流。

3）远距离分散式监控：通过互联网、GPRS等技术将多个智能温室连接到一起，充分发挥计算机技术、网络技术的优势，实现温室作物生产的无人化管理，提高产品质量，降低生产成本，节省人力物力，提高温室产品在市场的竞争力。

1．功能需求

1）能够通过PC、浏览器、手机实时访问智能温室内传感器数据，能够对大棚温度控制、喷洒进行实时控制。

2）在每个智能温室内部部署空气温度传感器，用来监测大棚内空气温度、空气湿度参数；每个智能温室内部署土壤温度器、土壤湿度传感器、光照度传感器，用来监测大棚内温度、土壤水分、光照等参数。

3)在每个需要智能控制功能的大棚内安装智能控制设备,用来传递控制指令、响应控制执行设备，实现对大棚内的智能高温、智能喷水、智能通风等行为。

4）智能温室项目中控制器节点与智能家居有很大区别，智能家居的控制器主要是控制红外发送的，但智能温室项目的控制器是通过继电器控制USB接口，进而控制各种设备。

2．应用需求

1）系统自动化控制。

2）传输数据可靠性。

3）设备控制规范。

4）低成本运行（包括低功耗）。

7.2.2 系统架构

温室内部为了全面检测不同区域的温度、湿度、光照等环境参数，需要布置很多不同功能的传感器，用于检测各区域的环境参数变化情况，由主控微机控制执行设备，实现温室内部小环境的自动调整，达到作物所需的最佳生长环境。为了满足不同规模温室的实际需要，增强系统的灵活性、通用性，通过对几种硬件方案的比较论证，温室环境监控系统决定采用树状拓扑结构。

网络系统分为4个层次，主要由监控主机、大量无线温湿度传感器节点（终端）、若干无线路由器节点和一个网络协调器节点构成。智能温室系统架构图如图7-3所示。

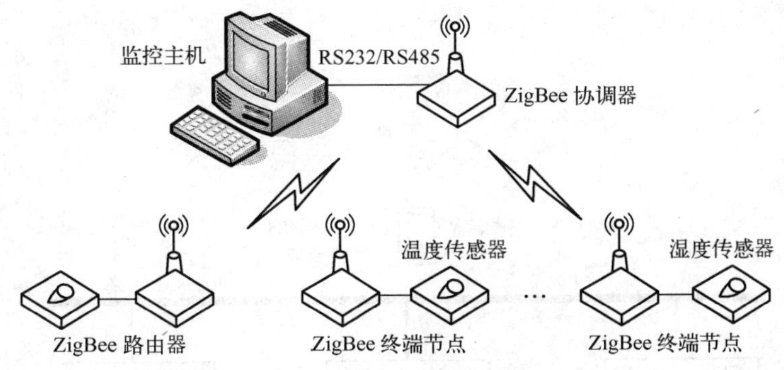

图 7-3　智能温室系统架构图

为了保证系统的长期可靠运行，网络协调器采用了交流电源供电方式。监控功能的实现主要由上位主机实现，还可以通过网络协调器配置的键盘显示器进行各种功能的设置与查看。网络协调器作为监控主机和其他节点信息交换的总枢纽，一方面通过 RS232 或 RS485 串行总线与上位监控主机相连，另一方面通过无线方式与路由节点或传感器节点交换数据。系统工作过程中，网络协调器接收传感器监测的环境参数后发送到主机，将主机发出的控制命令发送到路由节点，并实时检测和显示网络状态。监控主机除了管理无线传感器网络外，还对接收到的环境参数运算进行处理，然后通过控制机构进行加温、加湿、通风、遮阳、浇灌、施肥等工作，实现温室环境的全自动无人控制，创造适宜作物生长的最佳环境。

路由器节点主要用于协调器与传感器节点之间数据的中继转发、邻居表和路由表的维护，根据实际需要也可以配置传感器模块，采集环境信息。

传感器节点是监视通道最前端，用于采集温室内各点的温湿度数据，作为控制设备进行环境自动控制的主要依据。为了降低功耗，采用 LCD 显示器显示传感器现场的温湿度数据，便于工作人员查看。为了便于节点移动，传感器节点主要采用电池供电方式。另外，配置了太阳能电池供电模块，如果传感器等器件工作电流大，可以方便地通过太阳能电池供电，不用另外铺设供电线路。

7.2.3　功能模块

根据需求，下位机由协调器节点、传感器节点和控制器节点组成。传感器节点与智能家居系统类似，只是多了一个光照传感器。在智能温室项目中控制器节点通过继电器控制 USB 接口，进而控制各种设备。

上位机通过串口向协调器发送指令，协调器向控制板发送指令，控制板继电器开关加热器、加湿器、风扇等设备。自动控制结构图如图 7-4 所示。

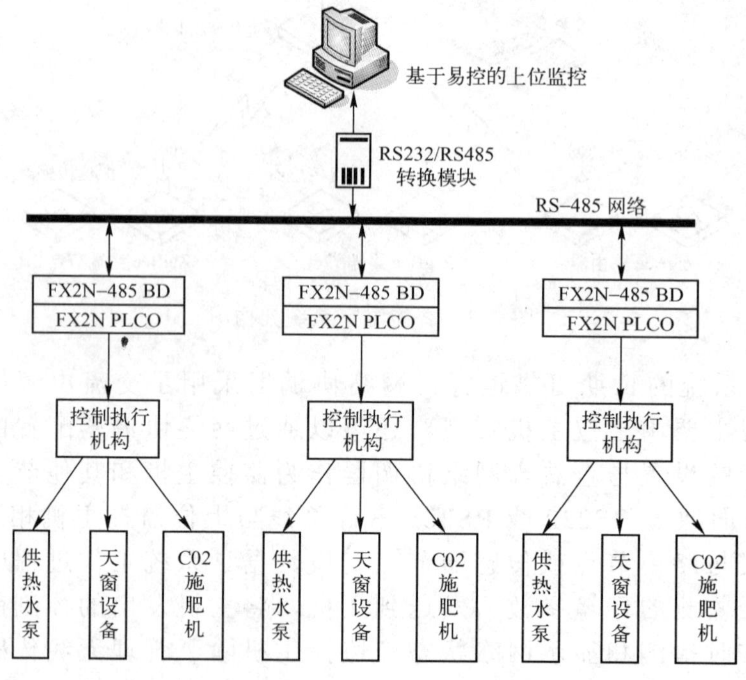

图 7-4　自动控制结构图

7.2.4　软件设计与评测

1. 软件设计

ZigBee 无线节点软件设计分为节点应用程序编程和 ZigBee 协议栈两大部分。节点应用程序的作用是实现节点需完成的具体功能，ZigBee 协议栈用于进行 ZigBee 网络的通信与数据传输。

协调器节点初始化后，在信道内搜索其他协调器，若是有其他协调器在工作，则向该协调器发组网申请。若没有其他协调器，则该设备自己组建 ZigBee 无线网，主节点在初始化后就开始对所在通信通道做出监视和等待状态；一旦有一个子节点向协调器发出组网请求后，协调器会分配一个 16 位 ID 给这个子节点作为它唯一的标识；在子节点分配完网络段地址后就成功地加入了这个无线网。网络建立后，如果系统的设备很多，则可能会出现网络堆叠或者 ID 冲突的现象，所以为了尽量减少这种错误，可以在子节点出现冲突后，初始化协调器来重置子节点的地址。ZigBee 网络数据传递流程如图 7-5 所示。

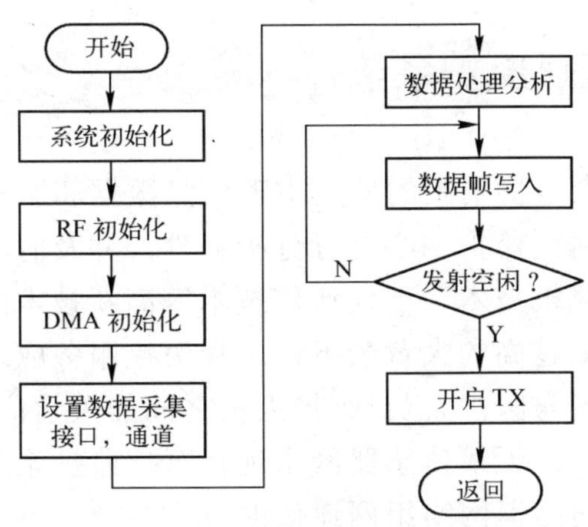

图 7-5 ZigBee 网络数据传递流程

监控软件实现的主要功能如下：

1）接收各网络协调器送来的温湿度环境数据，根据预设值，进行综合数据分析处理，向控制器发送控制命令，控制设备的运转。

2）定时向数据库中存储温湿度等环境数据。

3）控制面板界面显示控制的设备运行状态，故障信息提示，设备手动/自动控制状态切换。

4）主控界面实时显示温室内各监测点的温湿度数据，为了便于直观查看温度变化，当实测温度值超过设置上限时，以红色报警提示；当实测值超过设置下限时，以蓝色报警提示；当实测值在设置的极限范围内时，温度显示窗口为绿色。

2．评测

1）在上位机安装 USB 驱动程序和 MoteView 2.0 客户监视管理软件，然后通过 USB 接口连接协调器，打开 MoteView 2.0，设置串口为 COM4，波特率设置为 57 600bit/s，准备工作做好后就可以进行测试。

2）给各个终端节点上电，通过协调器组建新网，控制终端接点发送数据到上位机，通过 MoteView 2.0 显示数据，可以看出终端的节点 ID，每个节点的电池电压和各自传感器采集到的温度、湿度、光照强度、气压的值。这些值的精度都是 0.01，满足温室测量要求。

3）为了测试系统的数据传输延迟问题，采用遮挡住一个终端节点的方法，改变光照强度，或者使终端节点倾斜一个角度。观察上位机显示界面的光照强度值，发现系统存在一定的延迟，但是满足温室测量系统的实时性要求。

7.3 智能化远程医疗监护系统

远程医疗监护的概念是将采集的病人生理信息数据和医学信号，通过电子信息技术及通信网络系统传送到监护中心进行分析处理，并及时将诊断意见反馈到医疗终端的医疗技术。在计算机技术、现代通信技术等高新技术的高速发展以及人们对现代医疗服务的要求越来越高的大背景下，远程医疗服务应运而生。通过远程医疗服务可以方便地实现病人与医护人员、医护人员之间的医学信息的远程传送和交流、远程会诊以及实时监控，而无线传感器网络远程医疗监护系统就是在医学信息数据传送的方式上采用无线传感器网络组网通信的方式。

远程监护系统包括 3 部分：医疗监测设备、通信传输设备和监护中心平台。因此，整个监护系统要求多种技术支持，包括传感技术、电子技术、计算机技术、通信技术、嵌入式技术等。

医疗监测设备主要用来采集人体的生理信息数据，人体数据采集主要包括体温、心率、血压、脉搏、血糖、血脂、血氧饱和度等生理信息，医生可以通过监护设备监测的数据对病人的生理状况进行医疗分析，并对出现异样的现象进行及时治疗和重点监控，目前医院或监护中心主要使用的是固定的、大体积的监护仪器。

通信传输设备负责监护设备与监护中心的数据通信，可采用有线通信和无线通信两种方式，包括光纤、广播、卫星、非对称数字用户线环路等通信方式。

监护中心则负责将采集到的数据信息进行医学分析和处理，监护中心可以设立在医院、急救中心或其他可实施医疗救助的社区医疗中心。

远程监护系统对象如下：

1）重症监护病房：监护重症病人生理状况，并在病人出现紧急突发病症时发出警报处理。

2）普通监护病房：病人日常病情监护，通过监测的数据分析病人病情。

3）慢性病病人或老人长期家庭监护，采集生理数据用于存储、分析，用于预防或及时发现病情。

7.3.1 需求分析

远程医疗监护节点应用于医疗领域，面向对象特殊，是对现有医疗条件的有效补充。发展远程监护的意义如下：

1）当病人发生突发病变时监护设备可以马上向监护中心送出警报信号，医护人员可以在第一时间确定病变信息及病人位置，从而及时进行诊治。

2）在家里或别的熟悉环境中生活并部署医疗监护设备，也可以减轻病人的心理负担，减轻心理压力可以提高监测数据的准确性，而且也起到了辅助心理治疗的作用。

3）医生通过监护系统随时查看需要长期监护的慢性病患者的生理状况，及时跟踪记录生理信息，便于分析和研究病情。

4）监护系统还可以及早发现病情，达到提前预防的目的。

1．功能需求

1）专业的病理信息采集、数据分析功能。

2）满足设备间的数据传输需要。

3）界面友好、功能灵活的人机交互功能。

4）便携性和移动能力，不受物理环境的约束。

2．应用需求

1）安全性。

2）数据可靠性。

3）简单易操作。

4）设备规范。

5）低成本运行（包括低功耗）。

7.3.2 系统架构

远程医疗监护系统是融合了包括传感技术、计算机技术以及无线通信技术等多种高新技术的一种新型医疗监护系统，是为了改善现有的医疗环境，提高医疗水平、减轻医护人员工作而专门开发的一种医疗监护系统。系统中，病人携带的ZigBee 节点以自组织形式组成网络，通过多跳中继方式将监测数据传到基站，并由基站装置将数据传输至监护中心服务器上，医护人员就可以通过服务器获得病人的生理数据，从而对监护病人病情做出及时处理。远程医疗系统架构图如图 7-6 所示。

医疗监护的应用环境有多种，大致可分为病房和医院监护、家庭监护和社区监护，因此医疗监护系统的网络通信系统有较大的灵活性。但不论是哪种应用环境，监护系统的整体功能结构都是一样的，包括生理数据采集部分、数据无线传输部分和监控中心处理部分。其中生理数据采集部分包括用于采集生理数据的传感器模块和数据处理模块两部分。监护系统由 ZigBee 节点、监控中心和两者之间的通信网络组成，其中ZigBee 节点分为终端设备和协调器两种。

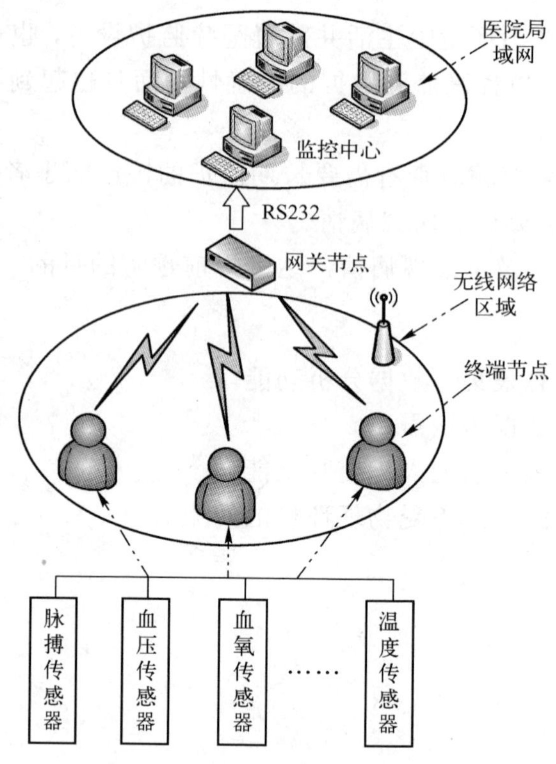

图 7-6　远程医疗系统架构图

医院医疗监护系统网络由 ZigBee 节点间的无线通信和医院内部局域网组成，监护对象携带的监测节点模块将采集的数据通过 ZigBee 节点的多跳通信传送给协调器，由协调器转发给距离最近的网关设备，再由网关设备利用内部局域网传送给医生值班室。

家庭和社区的监护系统网络由 ZigBee 节点通信和互联网组成，通过 ZigBee 节点的多跳传输将采集的生理数据传送给基站，基站连接着互联网，从而最终由互联网将数据传送给社区医疗中心或医院。

医生对传回监控服务器的数据进行保存、分析、处理，根据处理结果决定对病人采用怎样的治疗措施。同时，病人家属也可以通过专用账号和密码登录医院的服务器查看并咨询病人状况。

当病人出现紧急情况时，值班医生则通过 ZigBee 节点定位系统迅速找到病人，提供及时的医疗救助。定位系统由设置在固定位置的参考节点、病人携带的传感器节点和协调器节点组成。

7.3.3　功能模块

1）信息管理功能是管理人员用来管理远程医疗监控系统的数据库信息的。本系

统会有很多数据库，如患者数据库、医护人员数据库、药品数据库等。这些数据库包括患者和医护人员的基本信息，管理人员必须根据病人的流动情况和医护人员的变动情况做出相应的更新，包括添加、删除、修改、打印等功能。

2）远程监护中心网关信息的接收由代理功能实现。当二者建立连接后便启动请求代理和响应代理，主要来完成接收来自网关的数据并对数据进行分析验证，同时完成控制操作。代理平台对生理参数的处理如图 7-7 所示。

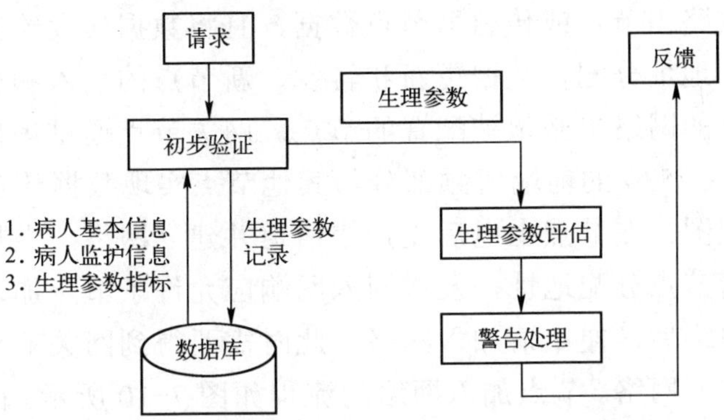

图 7-7　代理功能处理流程

3）医生可以通过诊断平台对患者的病情进行诊断。医生从诊断平台进入数据库，在数据库中搜索到该病人的信息，根据这些信息数据快速地对病人进行诊断，分析病人的相关生理情况，从而得出诊断结果。医生给病人看病前，可以查看病人以前的病历信息表，生理情况信息表，同时还可以通过远程控制窗口进行监视，得到病人的当前信息，这样的信息对医生来说是非常有利的。诊断平台的模块分化如图 7-8 所示。

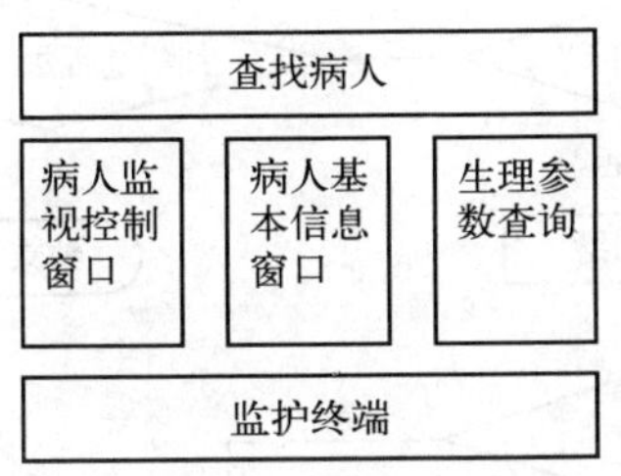

图 7-8　诊断平台的模块分化

医生根据上面的信息可以对病人有个全面的了解，对病人的病情给出诊断结果，并将其备案存入数据库中，方便以后的使用。如果某个病人正处于利用无线远程设备监控中，医生可以通过远程系统对病人进行远程诊断，这样为病人带来了很多的便利，可以说在家里就可以得到医生的指导和诊治。

7.3.4 软件设计与评测

1．软件设计

（1）监护系统网络组建的软件实现

远程医疗监护系统节点分为 3 种：网关节点、路由节点和传感器节点。网关节点负责发送和接收路由节点或传感器节点数据，且将数据转发给监护中心。网关节点完成网络建立、地址分配、数据更新和转发、新节点的加入和失效节点的脱离等工作，是一个完整的网络中必须被配置的节点。网关节点通过串口与固定网络设备连接通信，通过 CC2530 的前端射频部分与其他节点实现数据传输。图 7-9 所示为网关节点组网流程图。在节点上电后先扫描信道并建立网络，当加入网络申请时，接受申请并为申请节点分配地址，发送回入网响应允许子节点加入。当离网关节点最近的节点发现网络后，便申请加入网络，此时需要得到网关节点的允许信号并分配网络地址方可加入网络。节点加入网络的流程如图 7-10 所示。而其他节点也通过扫描发现网络后，向离自己最近的父节点申请加入网络，理论上直至监护系统网络中所有节点均加入网络为止。

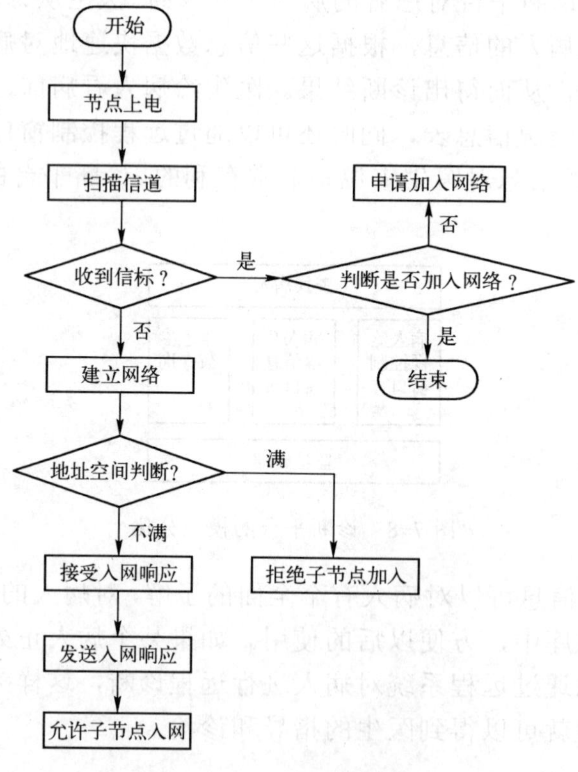

图 7-9 网关组网流程图

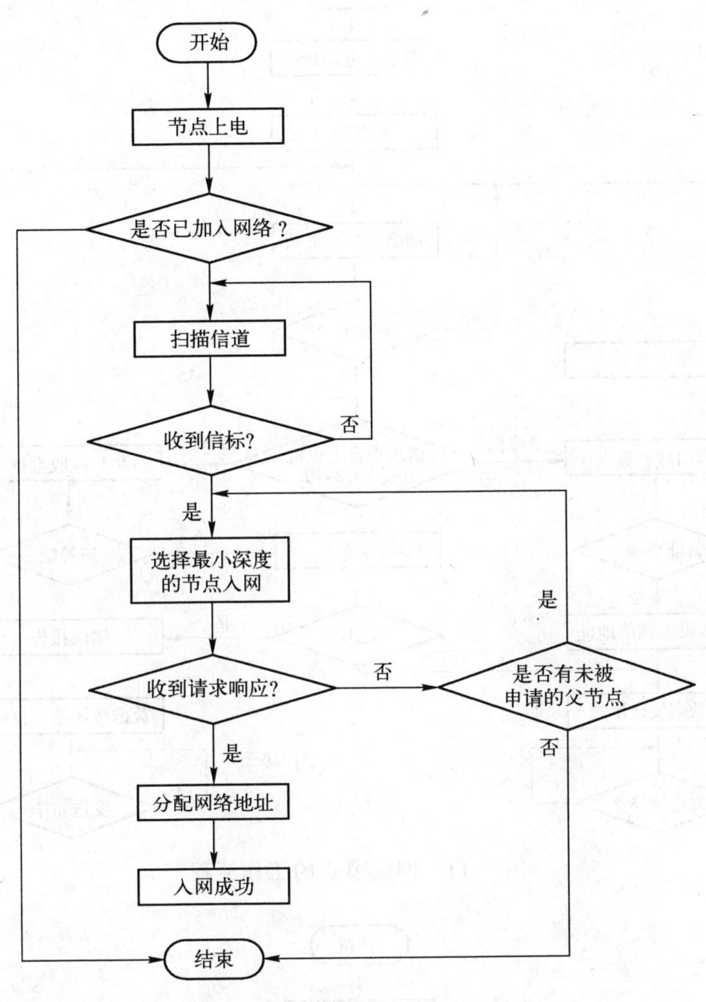

图 7-10　节点加入网络的流程

（2）节点工作过程的软件实现

当监控中心发出命令后，网关节点判断命令是否为有效命令，如果为有效命令，将命令数据信息传递给指定的节点；网关节点接收到由指定节点发回的数据信息后，按照一定的格式发送给监控中心，最终由监控中心的软件平台显示出来，并进行相应的数据处理工作。网关节点的工作流程如图 7-11 所示。

路由节点部署在病人的活动区域内，用于传感器节点与网关节点之间的数据转发，是两者连接通信的中介设备，实现整个网络的连通。路由节点的工作流程如图 7-12 所示。路由节点接收到数据后，首先判断数据的发送方和接收方，并把数据转发给相应的传感器节点或网关节点。

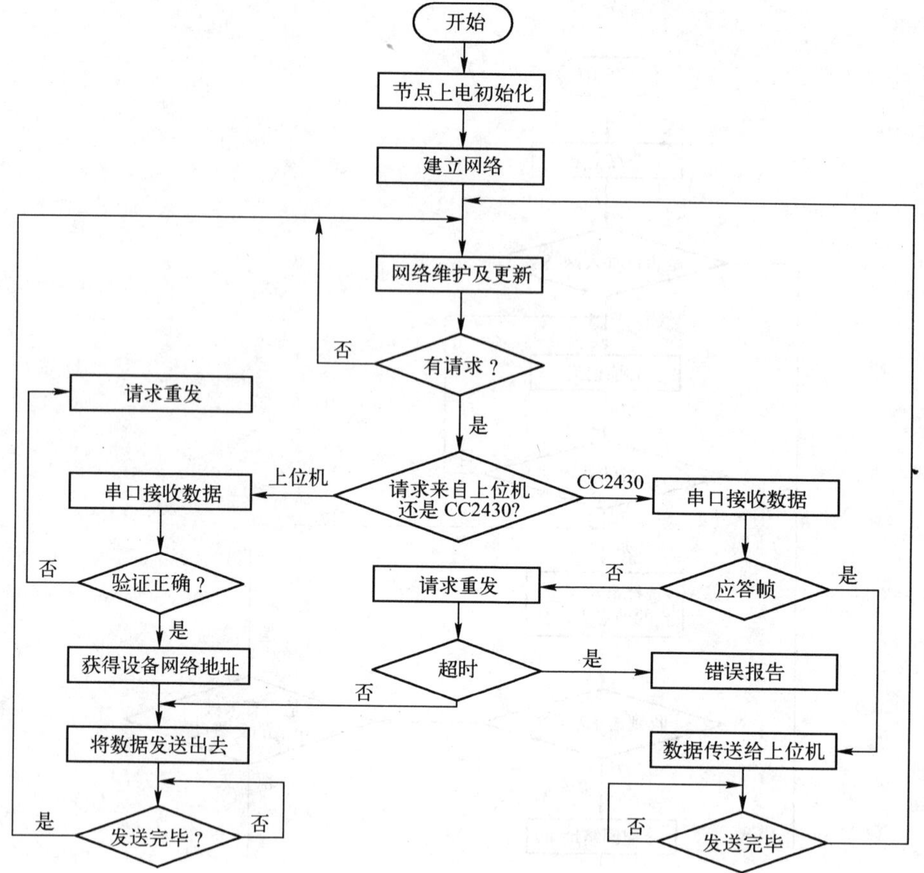

图 7-11　网关节点的工作流程

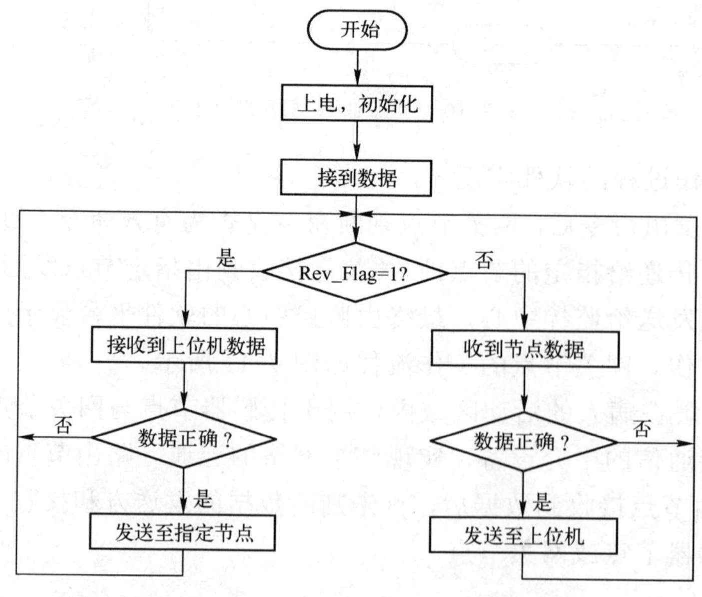

图 7-12　路由节点的工作流程

传感器节点就是携带在病人身上的节点模块，通过专用传感器实现病人生理数据采集，通过射频部分与上层节点通信，并向上层节点发送数据。传感器节点的工作流程如图 7-13 所示。

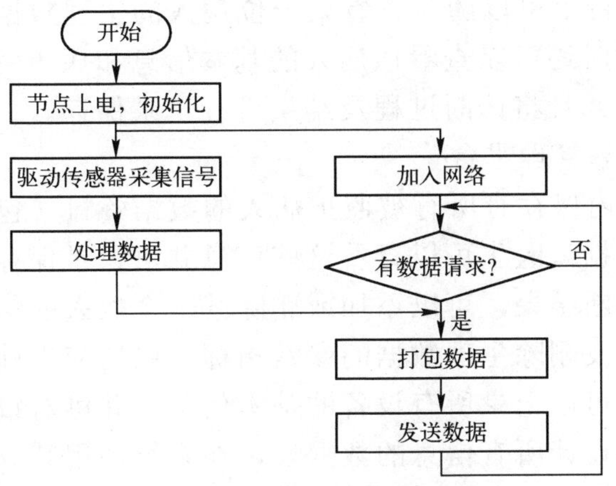

图 7-13　传感器节点的工作流程

2．评测

监护中心的软件平台上，采集的病人生理信息传入后，系统会自动评估数据，并发出警告反馈信息，而且监护窗口可以显示所有监护病人的生理数据及位置，医生可以随时查看病人个人信息及病历档案。监护中心的功能如图 7-14 所示。

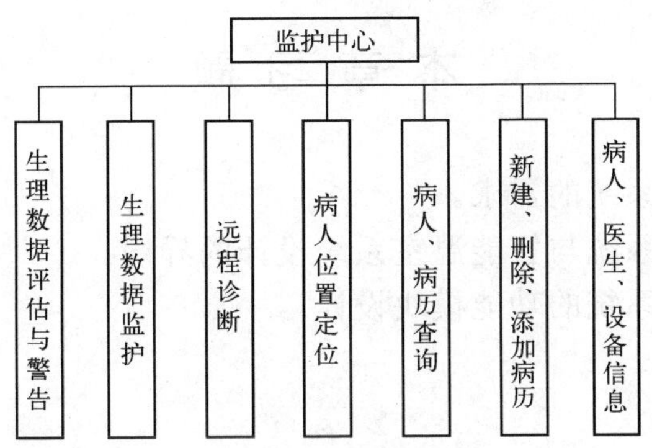

图 7-14　监护中心功能

（1）生理数据的评估和警告

生理数据的评估与警告这一过程是由监护中心的代理平台完成的。代理平台主要实现的功能是完成网关节点信息的接收和响应。监护中心与网关节点建立连接后，会启动请求代理和响应代理两个线程。请求代理负责监听网关节点传送的数据，并且验证生理数据是否有效。验证信息包括来源 ID 是否有效、数据格式是否正确、数据类型是否正确等，如果数据有效，则将生理数据保存到数据库中，并评估生理数据是否异常。若异常，则调用警告处理。响应代理负责执行监护中心对网关节点的控制请求响应以及任务命令，任务响应有优先级高低之分，优先级高的先处理。

（2）生理数据的分析与处理

监护中心监控平台上可以随时查看某一位病人的生理数据，并可观察连续的生理数据的变化图，同时还可以查看该病人的基本信息和病历资料，分析病人的生理现状进行诊断处理，并且将诊断过程及结果进行记录保存。

（3）监护中心信息管理平台

在监护中心系统内保存有所有被监护病人的数据资料（包括个人信息、病历资料以及采集的生理数据），医生可以查看这些信息并可记录保存每一次对病人生理数据的分析、处理和诊断结果，可以添加或删除某一个病人的信息记录；同时，系统还可以设置、添加以及删除生理数据的参数指标，以适应当前生理数据监护需要。系统信息管理平台还可以记录所有设备的基本信息，并可对设备的使用的情况实行监管。因此，应分别设计所有信息的数据表，在系统调用某一个信息数据时，可按照数据表的设置信息完整显示。例如，当查看某个病人的信息时，应该包括病人ID号、姓名、年龄、性别、住址、联系方式、建档时间等信息；在查看其生理数据时，可显示病人 ID 号、生理数据类别、采集数值以及数值采集时间，当生理信息异常时，警告信息应包括病人 ID 号、生理参数类别、生理数据参考标准、当前数据值数据、自动警报结果；而在查看其病历资料时，可显示病人ID号、诊治医生ID号、医生诊断时的生理数据信息、诊断处理结果以及诊断时间。

本章习题

1．简述智能家居系统的需求。

2．简述智能家居系统与智能温室系统设计的异同。

3．简述远程医疗系统的功能模块设计。

第 8 章　工程实验指导

本章将在 Windows 64 位操作系统下，通过 IAR 软件㊀及下载仿真器对 CC2530 芯片进行编程。通过接下来的基础实验、传感器数据读取实验及通信网络搭建等实验，掌握 CC2530 的功能、特点及开发技术，熟练掌握无线传感网络的搭建及工程应用开发。

8.1　建立一个简单的实验工程

1. 实验目的

1）熟悉 IAR 软件开发界面及功能。

2）掌握新建工作空间、新建工程、新建文件及设置工程参数的方法。

3）了解 CC2530 芯片的 I/O 控制方法及相关应用。

4）点亮 WeBee 开发板上的 LED 灯。

2. 实验内容

1）在 IAR 软件中练习新建工程、新建文件、编辑代码、保存并添加至工程。

2）设置工程参数、连接开发板、下载仿真并观察 LED 状态。

3. 实验条件

1）Windows 64 位操作系统。

2）IAR 软件。

3）CC2530 芯片 1 块。

4）WeBee 开发板 1 块。

5）SmartRF04eBF 仿真器 1 个。

4. 实验原理

1）WeBee 底板 LED 部分原理图，如图 8-1 所示。

㊀ IAR 软件是全球领先的嵌入式系统开发工具和服务的供应商，其提供的产品和服务涉及嵌入式系统的设计、开发和测试的每一个阶段，包括带有 C/C++编译器和调试器的集成开发环境（IDE）、实时操作系统和中间件、开发套件、硬件仿真器以及状态机建模工具。

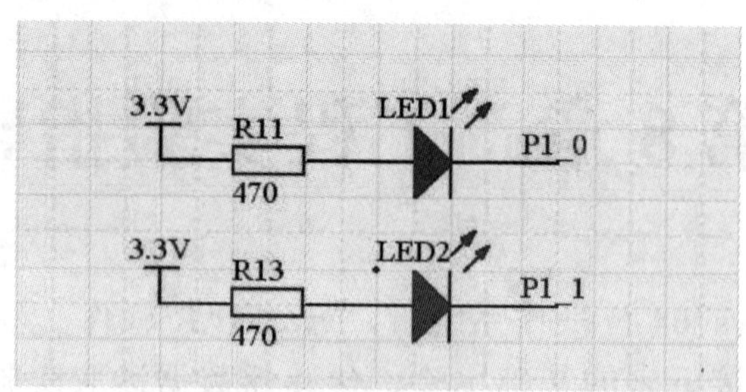

图 8-1 WeBee 底板 LED 部分原理图

2）CC2530I/O 寄存器功能见表 8-1。

表 8-1 CC2530I/O 寄存器

P0SEL(0XF3)	P0[7:0]功能设置寄存器，默认设置为普通 I/O 口
P0INP(0X8F)	P0[7:0]作输入口时的电路模式寄存器
P0(0X80)	P0[7:0]可位寻址的 I/O 寄存器
P0DIR(0XFD)	P0 口输入/输出设置寄存器，0：输入，1：输出

3）由以上对照表可得对 I/O 口的初始化代码如下：

```
P1SEL &=~0x01;          //作为普通 I/O 口
P1DIR |= 0x01;          //P1_0 定义为输出
P1INP &=~0X01;          //打开上拉
```

由于 CC2530 寄存器初始化时默认是：

```
P1SEL =0x00;
P1DIR |= 0xff;
P1INP =0X00;
```

所以 I/O 口初始化可以简化初始化指令：

```
P1DIR |= 0x01; //P1_0 定义为输出
```

5. 实验步骤

1）打开 IAR 软件，单击“Project”→“Creat New Project”命令，新建一个工程，选择默认选项，命名为 Project_LED，单击“OK”按钮，如图 8-2 所示。

2）新建文件，并保存为 LED.C，如图 8-3 所示。

3）编辑 LED.C 文件，输入点亮 LED 灯所需的调试代码，并将文件添加至工程中。文件 LED.C 代码如下：

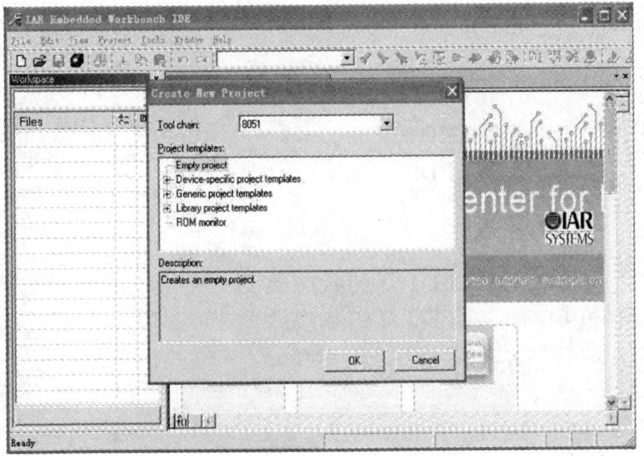

图 8-2　新建工程

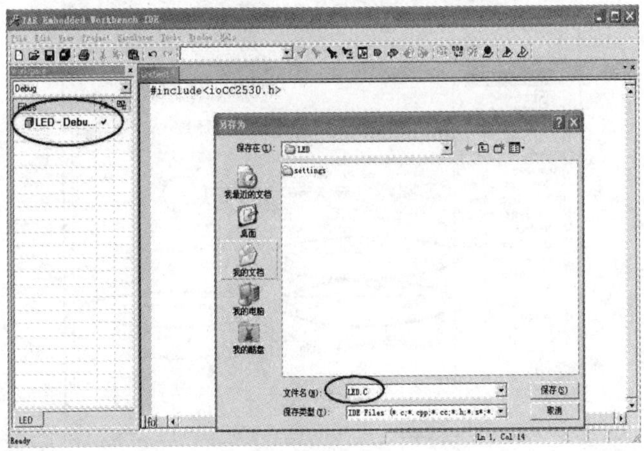

图 8-3　新建文件并保存

```
#include <ioCC2530.h>
#define LED1 P1_0          //定义 P1.0 口为
LED1 控制端
#define LED2 P1_1          //定义 P1.1 口为
LED2 控制端
void IO_Init(void)
{
   P1DIR |= 0x03;          //P1.0，P1.1 定义为输出
}
void Delayms(unsigned int xms)    //即延时 xms
{
  unsigned int i,j;
  for(i=xms;i>0;i--)
     for(j=587;j>0;j--);
}
```

```
void main(void)
{
    IO_Init();              //调用初始化程序
    LED1=0;         //点亮 LED1
    LED2=1;         //熄灭 LED2
    while(1)
    {
        LED1=~LED1;  //LED1 灯的状态改变
        LED2=~LED2;  //LED2 灯的状态改变
        Delayms(1000);       //延时 1000ms
    }
}
```

4）配置 Project 参数。"Project"→"Options"命令，依次配置选项 General Options、Linker 和 Debugger，如图 8-4～图 8-6。

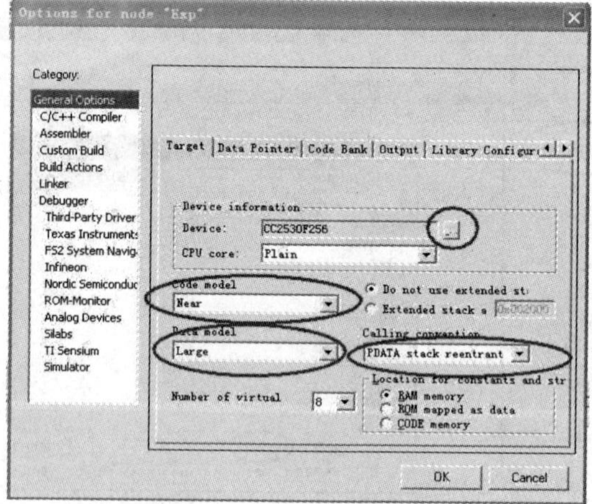

图 8-4　General Options

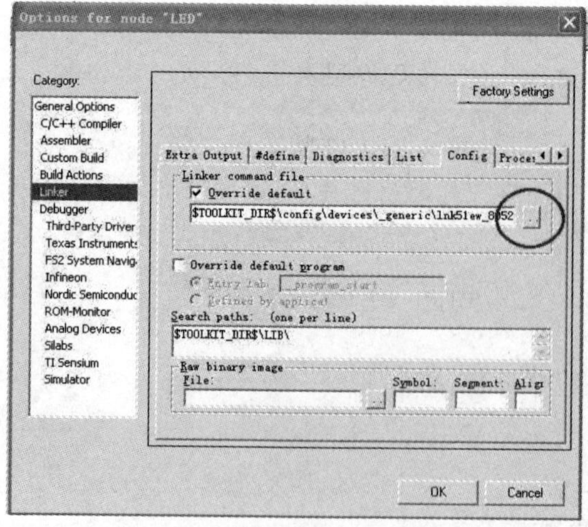

图 8-5　Linker

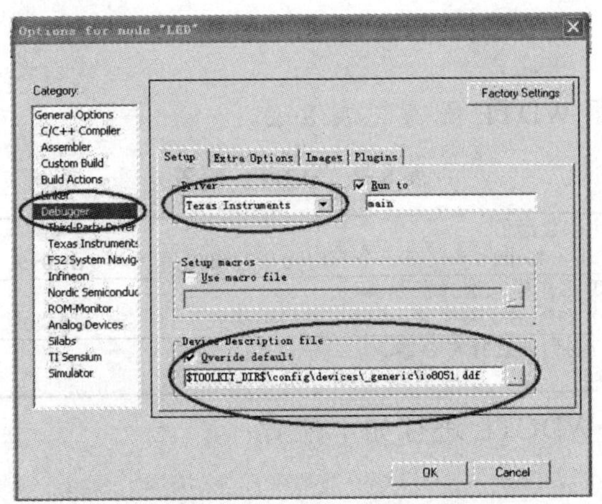

图 8-6　Debugger

5）编译并下载调试。单击“Project”→“make”命令，编译结果 0 错误、0 警告后，将 CC DEBUGGER 和开发板连接好，然后单击“Project”→“Download and Debug”命令，观察 LED 灯状态。

6. 实验结果

可观察到红色的 LED1 和黄色的 LED2 交替亮灭。

8.2　看门狗定时器实验

1. 实验目的

1）熟悉 CC2530 定时器相关知识。
2）练习看门狗定时器的使用。
3）掌握看门狗定时器的特点。

2. 实验内容

1）创建工程、编写代码并下载仿真。
2）设置看门狗定时器。
3）观察喂狗前后 LED1 及 LED2 的状态。

3. 实验条件

1）Windows 64 位操作系统。
2）IAR 软件。
3）CC2530 芯片 1 块。
4）WeBee 开发板 1 块。
5）SmartRF04eBF 仿真器 1 个。

4. 实验原理

1）CC2530 寄存器 WDTL 配置见表 8-2。

表 8-2　WDTL 配置

WDCTL (0xC9)	Bit7:Bit4 清除计数器值 在看门狗模式下，如果此 4 位在一个看门狗周期内先后写入 0xA,0x5，则清除 WDT 的值，简称喂狗
	Bit3:Bit2 WDT 工作模式选择寄存器 00　IDLE　01　IDLE（未使用）　10　看门狗模式　11　定时器模式
	Bit1:Bit0 看门狗周期选择寄存器。 1s　01　0.25s　10　15.625ms　11　1.9ms

2）据以上内容对 WDCTL 进行如下配置：

```
Init_Watchdog:
WDCTL = 0x00;            //这是必须的，打开 IDLE 才能设置看门狗
WDCTL |= 0x08;           //时间间隔 1s，看门狗模式
FeetDog:
WDCTL = 0xa0;            //按寄存器描述来喂狗 WDCTL = 0x50
```

5. 实验步骤

1）新建工程命名为 Pro_WD。

2）编写文件 WDT.C，代码如下：

```
#include <ioCC2530.h>
#define uint unsigned int
#define uchar unsigned char
#define LED1 P1_0    //定义控制 LED 灯的端口
#define LED2 P1_1    //定义 LED2 为 P11 口控制
//函数声明
void Delayms(uint xms);  //延时函数
void InitLed(void);              //初始化 P1 口
/*****************************
//延时函数
*****************************/
void Delayms(uint xms)    //i=xms 即延时 ims
{
 uint i,j;
 for(i=xms;i>0;i--)
   for(j=587;j>0;j--);
}
/*****************************
//初始化程序
*****************************/
void InitLed(void)
{
     P1DIR |= 0x03;        //P1_0、P1_1 定义为输出
     LED1 = 1;       //LED1 灯熄灭
```

```
    LED2 = 1;        //LED2 灯熄灭
}
void Init_Watchdog(void)
{
  WDCTL = 0x00;        //这是必须的，打开 IDLE 才能设置看门狗
  WDCTL |= 0x08;
  //时间间隔 1s，看门狗模式
}
void FeetDog(void)
{
  WDCTL = 0xa0;
  WDCTL = 0x50;
}
/****************************
//主函数
****************************/
void main(void)
{
    InitLed();                        //调用初始化函数
        Init_Watchdog();
        LED1=1;
    while(1)
    {
            LED2=~LED2;                //仅指示作用
            Delayms(300);
            LED1=0;

            //通过注释测试，观察 LED1，系统在不停复位
            FeetDog();            //防止程序跑飞
    }
}
```

3）下载调试观察结果。

6. 实验结果

1）喂狗指令正常工作（即未被注释）时，LED2 黄色灯闪烁，模拟系统正常运转。

2）喂狗指令正常被注释后，LED1 红色灯亮起，模拟系统不停复位。

8.3　液晶 LCD 显示

1. 实验目的

1）了解 LCD 液晶屏的功能。

2）掌握 LCD 液晶屏的驱动方法。

3）体验通过 LCD 液晶屏实现人机交互。

2. 实验内容

1）完成 LCD 串口驱动设计。
2）观察 LCD 显示屏上的内容。

3. 实验条件

1）Windows 64 位操作系统。
2）IAR 软件。
3）CC2530 芯片 1 块。
4）物联网开发平台 1 块。
5）SmartRF04eBF 仿真器 1 个。
6）LCD128×64 液晶屏 1 块。

4. 实验原理

1）LCD 可采用并口和串口两种模式驱动，本实验使用串口驱动。
串行驱动需要的引脚如下：
① VDD——+3.3V。
② VSS——GND。
③ LEDA——LCD 背光。
④ RES——复位。
⑤ A0——数据/命令。
⑥ CS——使能。
⑦ SCL——串行模式时钟端。
⑧ SI——串行模式数据端。
2）LCD 液晶屏驱动具体方法如下：
//串行发送 I/O 口定义

```
#define L_CS P1_2 //_CS
#define L_LD P0_0 //A0=H data A0=L commend
#define L_CK P1_5 //SCLK
#define L_DA P1_6 //SI
#define L_BK P0_7 //backlight
/******LCD 初始化配置参数******/
void initLCDM(void)
{
uchar ContrastLevel;              //定义对比度
ContrastLevel = 0xa0;             //对比度，根据不同的 LCD 调节，否则无法显示
SendCmd(0xaf);                    //开显示
```

```
SendCmd(0x40);             //显示起始行为 0
SendCmd(0xa0);             //RAM 列地址与列驱动同顺序
SendCmd(0xa6);             //正向显示
SendCmd(0xa4);             //显示全亮功能关闭
SendCmd(0xa2);             //LCD 偏压比 1/9
SendCmd(0xc8);             //行驱动方向为反向
SendCmd(0x2f);             //启用内部 LCD 驱动电源
SendCmd(0xf8);             //升压电路设置指令代码
SendCmd(0x00);             //倍压设置为 4X
SendCmd(ContrastLevel); //设置对比度
}
```

5. 实验步骤

1）新建工程 Pro_LCD。

2）编写头文件 LCD.H[㊀]、HAL_Type.H 及 LCD.C。

头文件 HAL_Type.H 代码如下：

```
#ifndef HAL_Type_H
#define HAL_Type_H
     #define ushort unsigned short
     #define USHORT    ushort
     #define uchar unsigned char
     #define uint8 uchar
     #define INT8U uint8
     #define u8    uchar
     #define uint16 unsigned int
     #define INT16U uint16
     #define u16 uint16
     #define uint32 unsigned long
     #define INT32U uint32
     #define u32 uint32
#endif
文件 LCD.C 代码如下
#include <ioCC2530.h>
#include "LCD.h"
#define uint unsigned int
#define uchar unsigned char

//函数声明
void Delayms(uint xms);   //延时函数
/****************************
          延时函数
*****************************/
```

㊀ 头文件 LCD.H 代码可从 TI 公司网站上下载。

```
void Delayms(uint xms)     //i=xms 即延时 ims
{
 uint i,j;
 for(i=xms;i>0;i--)
    for(j=587;j>0;j--);
}
/****************************
          主函数
****************************/
void main(void)
{
          /*定义显示信息*/
          uchar *mes1 = "Hello World!123 ";
          P0DIR = 0XFF;
          P1DIR = 0XFF;
          ResetLCD();      //复位 LCD
          initLCDM();      //初始化 LCD
          ClearRAM();      //清液晶缓存

          delay_us(100);

          /*打印刚刚定义的信息*/
          Print8(0,0,mes1);
}
```

3）下载调试并观察 LCD 上的输出内容。

6. 实验结果

可在 LCD 液晶屏上观察“Hello World!123”。

8.4 温度传感器数据读取及 LCD 显示实验

1. 实验目的

1）了解温度传感器的功能及应用。
2）掌握温度传感器的数据读取方法。
3）熟练应用 LCD 显示输出数据。

2. 实验内容

1）在物联网开发平台上插接 LCD 液晶屏及温度传感器。
2）编写调试程序，完成温度读取及显示。

3. 实验条件

1）Windows 64 位操作系统。

2）IAR 软件。

3）串口调试程序。

4）CC2530 芯片 1 块。

5）物联网开发平台 1 块。

6）SmartRF04eBF 仿真器 1 个。

7）LCD128×64 液晶屏 1 块。

8）DS18B20 数字温度传感器 1 个。

4. 实验原理

1）DS18B20 数字温度传感器电路原理图，如图 8-7 所示。

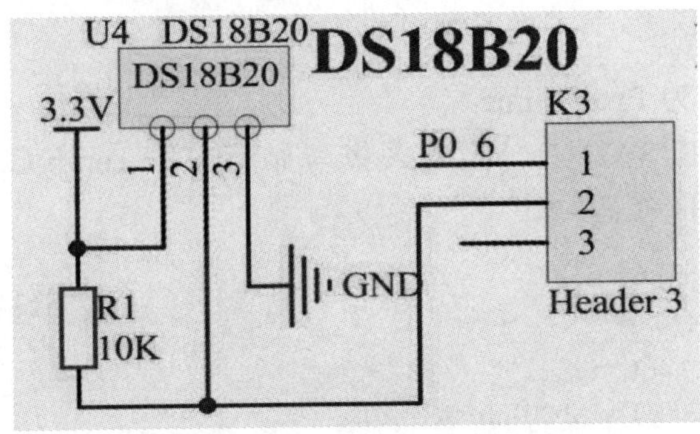

图 8-7　数字温度传感器电路图

2）在裸机的基础上成功驱动起传感器，实现数据在 LCD 显示屏上的显示代码如下：

```
#include"iocc2530.h"
#include"uart.h"
#include"ds18b20.h"
#include"delay.h"
void Initial()                          //系统初始化
{
  CLKCONCMD = 0x80;                     //选择 32MHz 振荡器
  while(CLKCONSTA&0x40);                //等待晶振稳定
  UartInitial();                        //串口初始化
  P0SEL &= 0xbf;                        //DS18B20 的 I/O 口初始化
}

void main()
{
```

```
    char data[5]="temp=";           //串口提示符
    Initial();
    while(1)
    {
      Temp_test();    //温度检测

      /*******温度信息打印 ***********/
      UartTX_Send_String(data,5);
      UartSend(temp/10+48);
      UartSend(temp%10+48);
      UartSend('\n');

      Delay_ms(1000);                    //延时函数使用定时器方式
    }
}
```

5. 实验步骤

1）新建工程命名为 Pro_Temp。

2）编写头文件 DS18B20.H、温度采集与显示文件 Temp.C。

头文件 DS18B20.H 代码如下：

```
#ifndef __DS18B20_H__
#define __DS18B20_H__
extern unsigned char temp;
extern unsigned char Ds18b20Initial(void);
extern void Temp_test(void);
#endif
```

文件 Temp.C 代码如下：

```
#include"iocc2530.h"
#include"DS18B20.h"
#include"LCD.h"
#include"HAL_Type.h"
void Initial()                    //系统初始化
{
  CLKCONCMD = 0x80;                  //选择 32MHz 振荡器
  while(CLKCONSTA&0x40);             //等待晶振稳定
  UartInitial();                  //串口初始化
  P0SEL &= 0xbf;                  //DS18B20 的 I/O 口初始化
}
void main()
{
  char data[5]="temp=";           //串口提示符
  Initial();
```

```
        Temp_test();      //温度检测

       /*******温度信息打印 ***********/
        /*定义显示信息*/
unsigned char T[5];                  //温度+提示符
            T[0]=temp/10+48;
            T[1]=temp%10+48;
            T[2]=' ';
            T[3]='C';
            T[4]='\0';
            uchar *mes1 = data;
            uchar *mes2 = T;

            P0DIR = 0XFF;
            P1DIR = 0XFF;
            ResetLCD();                    //复位 LCD
            initLCDM();                    //初始化 LCD
            ClearRAM();                    //清液晶缓存

            delay_us(100);

            /*打印定义的信息*/
            Print8(0,0,mes1);
            Print8(0,2,mes2);

   }
```

3）加载文件 LCD.H、HAL_Type.H。

4）下载调试程序并观察液晶屏上的温度显示。

6. 实验结果

在 LCD 液晶屏上可见“Temp=24C”。

8.5　无线点亮 LED 灯实验

1. 实验目的

1）了解两个节点的数据发送与接收。

2）熟练掌握 I/O 输入口的设置。

3）了解 Basic RF layer 工作过程。

2. 实验内容

1）设置 LED 控制开关。

2）分别完成发送端和接收端节点程序设计。

3）观察无线控制 LED 灯开关效果。

3. 实验条件

1）Windows 64 位操作系统。

2）IAR 软件。

3）串口调试程序。

4）CC2530 芯片 2 块。

5）ZigBee 节点 2 个。

6）SmartRF04eBF 仿真器 1 个。

7）USB 连接线 2 条。

4. 实验原理

1）BasicRF 文件目录文件夹结构如图 8-8 所示。

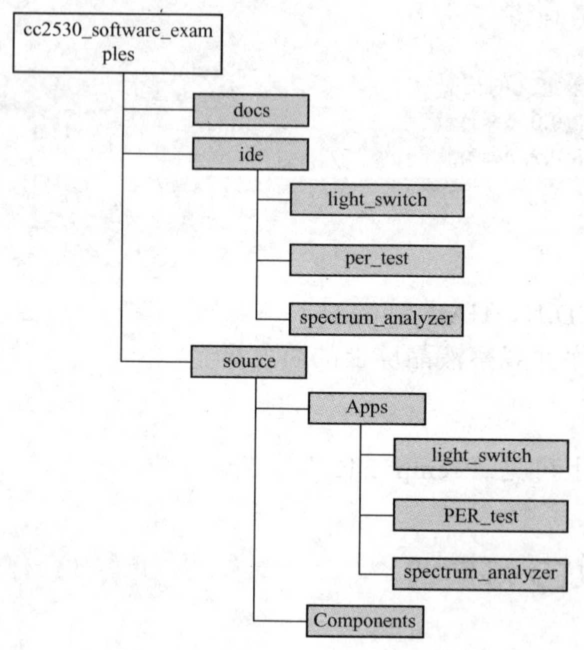

图 8-8　Basic RF 文件夹结构

2）Basic RF 例程的软件设计框图如图 8-9 所示。

5. 实验步骤

1）创建工程 Pro_Light 并按照 Basic RF 架构设计工程软件结构。

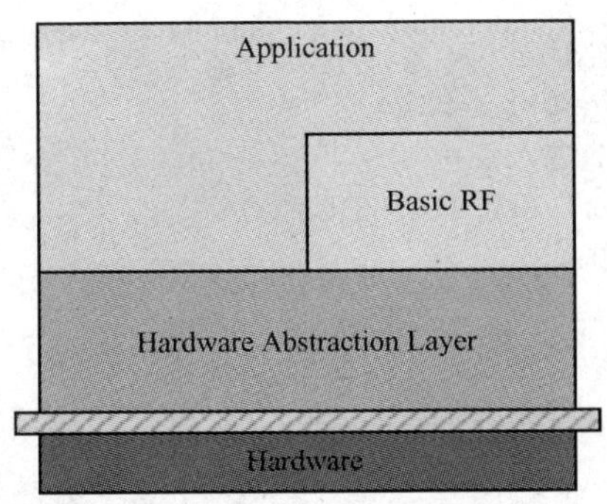

图 8-9 Basic RF 例程框图

2）在开源网站上下载本实验无线点亮 LED 的工程文件。

3）修改 Light_Switch.C 文件并分别完成接收端与发送端的烧写。

文件 Light_Switch.C 代码主要修改部分如下：

```
/***********************************************
* @函数名：   main
* @简介：      这是 LED 灯交替闪烁程序主入口，通过控制应用模式选择开关可以发送切
换命令至 LED 灯
* @参数       basicRfConfig：文件作用域变量
*             @参数  appState：保存应用程序状态*
* @返回：      无
*/
void main(void)
{
    uint8 appMode = NONE;
    //配置 basicRF
    basicRfConfig.panId = PAN_ID;
    basicRfConfig.channel = RF_CHANNEL;
    basicRfConfig.ackRequest = TRUE;
#ifdef SECURITY_CCM
    basicRfConfig.securityKey = key;
#endif
    //初始化板载设备
    halBoardInit();
    halJoystickInit();
    //初始化 hal_rf
    if(halRfInit()= =FAILED) {
      HAL_ASSERT(FALSE);
    }
    //初始化供电设备
    halLedSet(2);        //关闭 LED2
    halLedSet(1);        //关闭 LED1
    /***********************************************
```

```
        //在 LCD 屏上打印标志
         utilPrintLogo("Light Switch");
        //等待用户按下 S1 进入菜单
        while (halButtonPushed()!=HAL_BUTTON_1);
        halMcuWaitMs(350);
        halLcdClear();
        //设定应用角色
        appMode = appSelectMode();
        halLcdClear();
        //改变应用机制
        if(appMode = = SWITCH) {
            //此处无返回
            appSwitch();
        }
        // Receiver application
        else if(appMode = = LIGHT) {
            //此处无返回
            appLight();
        }
        ***************************************
    */

        /************选择一个屏蔽另一个/
        appSwitch();            //节点为按键 S1         P0_4
        appLight();             //节点为指示灯 LED1     P1_0
    }
    /***********************************************
    * @函数名：        appSelectMode
    * @简介：          选择应用模式
    * @参数：          无
    * @返回            uint8：选择的应用模式
    */
    static uint8 appSelectMode(void)
    {
        halLcdWriteLine(1, "Device Mode: ");
        return utilMenuSelect(&pMenu);
    }
```

4）分别把 appLight();注释掉，下载到发射模块；相同位置 appSwitch();注释掉，下载到接收模块，完成烧写。

5）按下发射节点上的开关 S1 观察接收节点上的 LED 状态。

6. 实验结果

按下发射节点上的开关 S1，接收节点上的 LED 灯会被点亮。

8.6 点对点无线通信实验

1. 实验目的

1）了解 ZigBee 的 3 种无线通信方式。

2）了解协议栈工作原理。

3）掌握点对点通信方式的设计。

2. 实验内容

1）分别设置路由器、协调器及终端的代码。

2）实现两节点的点对点通信。

3）通过串口调试程序观察实验结果。

3. 实验条件

1）Windows 64 位操作系统。

2）IAR 软件。

3）串口调试程序。

4）CC2530 芯片 3 块。

5）WeBee 节点 3 个。

6）SmartRF04eBF 仿真器 1 个。

7）USB 连接线 3 条。

4. 实验原理

协议栈简单工作流程如图 8-10 所示。

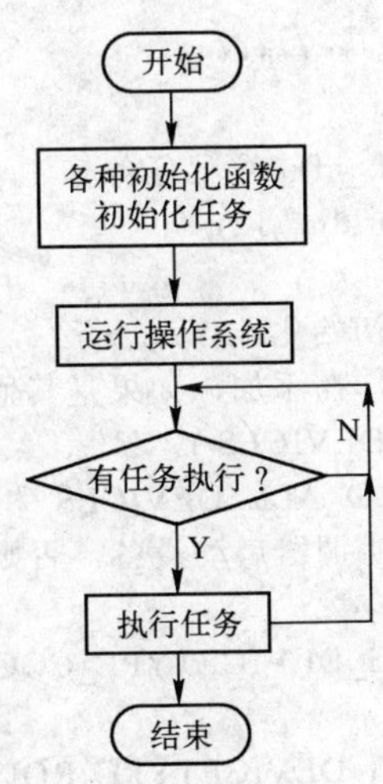

图 8-10 协议栈简单工作流程

5. 实验步骤

1）在开源网站上下载点播通信工程文件。

2）在其基础之上修改文件 SampleApp.C。

文件 SampleApp.C 代码修改主要部分如下：

```
/*********************************************
 * 部分功能
 */
void SampleApp_HandleKeys( uint8 shift, uint8 keys );
void SampleApp_MessageMSGCB( afIncomingMSGPacket_t *pckt );
void SampleApp_SendPeriodicMessage( void );
void SampleApp_SendPointToPointMessage(void); //点对点通信定义
void SampleApp_SendFlashMessage( uint16 flashTime );
void SampleApp_SerialCMD(mtOSALSerialData_t *cmdMsg);
/*********************************************
 * @函数名:   SampleApp_Init
 * @简介:     应用程序的初始化函数，包含如硬件、表单、电源等特定于应用程序的初
始化 ... ).
 * @参数      task_id ：被 OSAL 标记的 ID。这个 ID 用于发送消息和设置定时器
 *
 * @返回:     无
 */
void SampleApp_Init( uint8 task_id )
{
  SampleApp_TaskID = task_id;
  SampleApp_NwkState = DEV_INIT;
  SampleApp_TransID = 0;

 /***********串口初始化************/
  MT_UartInit();//初始化
  MT_UartRegisterTaskID(task_id);//登记任务号
  HalUARTWrite(0,"Hello World\n",12);

  //在主函数中添加设备硬件初始化
  //如果硬件是应用程序所需，在添加，如果是其他设备所需，在主函数中添加
   #if defined ( BUILD_ALL_DEVICES )
  // Demo 的任务是设置 BUILD_ALL_DEVICES 和 HOLD_AUTO_START
  //观察是否跳转，是则作为协调器启动设备，否则设备启动用作路由器
  if ( readCoordinatorJumper() )
    zgDeviceLogicalType = ZG_DEVICETYPE_COORDINATOR;
  else
    zgDeviceLogicalType = ZG_DEVICETYPE_ROUTER;
#endif // BUILD_ALL_DEVICES
#if defined ( HOLD_AUTO_START )
```

```
  // HOLD_AUTO_START 是一个编译选项，用于禁止 ZDApp
  //启动设备并等候应用程序加载
  //启动设备
  ZDOInitDevice(0);
#endif
  //设置发送周期消息的目标地址
  //广播给每一个
  SampleApp_Periodic_DstAddr.addrMode = (afAddrMode_t)AddrBroadcast;
  SampleApp_Periodic_DstAddr.endPoint = SAMPLEAPP_ENDPOINT;
  SampleApp_Periodic_DstAddr.addr.shortAddr = 0xFFFF;
  //设置即时命令目标地址为组 1
  SampleApp_Flash_DstAddr.addrMode = (afAddrMode_t)afAddrGroup;
  SampleApp_Flash_DstAddr.endPoint = SAMPLEAPP_ENDPOINT;
  SampleApp_Flash_DstAddr.addr.shortAddr = SAMPLEAPP_FLASH_GROUP;

  //点对点通信定义
  Point_To_Point_DstAddr.addrMode = (afAddrMode_t)Addr16Bit; //点播
  Point_To_Point_DstAddr.endPoint = SAMPLEAPP_ENDPOINT;
  Point_To_Point_DstAddr.addr.shortAddr = 0x0000;//发给协调器

  //填写终端描述
  SampleApp_epDesc.endPoint = SAMPLEAPP_ENDPOINT;
  SampleApp_epDesc.task_id = &SampleApp_TaskID;
  SampleApp_epDesc.simpleDesc
            = (SimpleDescriptionFormat_t *)&SampleApp_SimpleDesc;
  SampleApp_epDesc.latencyReq = noLatencyReqs;
  //自动注册终端描述
  afRegister( &SampleApp_epDesc );
  //注册所有关键事件：该程序处理全部关键事件
  RegisterForKeys( SampleApp_TaskID );
  //默认情况下：所有设备从组 1 启动
  SampleApp_Group.ID = 0x0001;
  osal_memcpy( SampleApp_Group.name, "Group 1", 7 );
  aps_AddGroup( SAMPLEAPP_ENDPOINT, &SampleApp_Group );
#if defined ( LCD_SUPPORTED )
  HalLcdWriteString( "SampleApp", HAL_LCD_LINE_1 );
#endif
}
/*********************************************
 * @函数名:    SampleApp_ProcessEvent
 *
 * @简介:      通用应用程序事务处理器。该函数用于处理所有事务，包括定时器、消
息和其他用户自定义事件
 *
 * @参数       task_id：为 OSAL 标记用的任务 ID
```

```
 * @参数        events：欲处理事件，可包含多个事件
 *
 * @返回：      无
 */
uint16 SampleApp_ProcessEvent( uint8 task_id, uint16 events )
{
  afIncomingMSGPacket_t *MSGpkt;
  (void)task_id;  // Intentionally unreferenced parameter
  if ( events & SYS_EVENT_MSG )
  {
    MSGpkt = (afIncomingMSGPacket_t *)osal_msg_receive( SampleApp_TaskID );
    while ( MSGpkt )
    {
      switch ( MSGpkt->hdr.event )
      {

        case CMD_SERIAL_MSG:  //串口收到数据后由 MT_UART 层传递过来的数据，
编译时不定义 MT_TASK，则由 MT_UART 层直接传递到此应用层
        //如果是由MT_UART层传递过来的数据,则上述例子中29 00 14 31都是普通数据，
串口
        控制时候用的
        SampleApp_SerialCMD((mtOSALSerialData_t *)MSGpkt);
        break;

        //获取按键被按下信息
          SampleApp_HandleKeys(   ((keyChange_t   *)MSGpkt)->state,   ((keyChange_t
*)MSGpkt)->keys )
        ;
          break;

        //获取消息被 OTA 终端接收到
        case AF_INCOMING_MSG_CMD:
          SampleApp_MessageMSGCB( MSGpkt );
          break;
        //获取设备在网络中的状态变化
        case ZDO_STATE_CHANGE:
          SampleApp_NwkState = (devStates_t)(MSGpkt->hdr.status);
          if (|| (SampleApp_NwkState = = DEV_ZB_COORD)协调器不能给自己点播
                (SampleApp_NwkState = = DEV_ROUTER)
             || (SampleApp_NwkState = = DEV_END_DEVICE) )
          {
            // Start sending the periodic message in a regular interval.
            osal_start_timerEx( SampleApp_TaskID,
                                SAMPLEAPP_SEND_PERIODIC_MSG_EVT,
                                SAMPLEAPP_SEND_PERIODIC_MSG_TIMEOUT );
```

```
            }
            else
            {
              // Device is no longer in the network
            }
            break;
          default:
            break;
        }
        // Release the memory
        osal_msg_deallocate( (uint8 *)MSGpkt );
        //如果可用即继续下一环节
        MSGpkt = (afIncomingMSGPacket_t *)osal_msg_receive( SampleApp_TaskID );
      }
      //返回未处理事件
      return (events ^ SYS_EVENT_MSG);
    }
    //发出一条消息，该事件由定时器生成（在 SampleApp_Init()中设置）
      if ( events & SAMPLEAPP_SEND_PERIODIC_MSG_EVT )
    {
      //发送周期消息
      //调用函数 SampleApp_SendPeriodicMessage();
      SampleApp_SendPointToPointMessage();

      // 设置为正常发送消息 period (+ a little jitter)

      osal_start_timerEx( SampleApp_TaskID, SAMPLEAPP_SEND_PERIODIC_MSG_EVT,
          (SAMPLEAPP_SEND_PERIODIC_MSG_TIMEOUT + (osal_rand() & 0x00FF)) );
      //返回未处理事件
      return (events ^ SAMPLEAPP_SEND_PERIODIC_MSG_EVT);
    }
    //忽略未知事件
    return 0;
}
/*************************************************
 * @函数名:    SampleApp_SendPeriodicMessage
 * @简介:      发送周期消息
 * @参数:      无
 * @返回:      无
 */
void SampleApp_SendPeriodicMessage( void )
{
   uint8 data[10]={0,1,2,3,4,5,6,7,8,9};
   if ( AF_DataRequest( &SampleApp_Periodic_DstAddr, &SampleApp_epDesc,
                        SAMPLEAPP_PERIODIC_CLUSTERID,
```

```
                                    10,
                                    data,
                                    &SampleApp_TransID,
                                    AF_DISCV_ROUTE,
                                    AF_DEFAULT_RADIUS ) = = afStatus_SUCCESS )
   {
   }
   else
   {
     // Error occurred in request to send
   }
}
void SampleApp_SendPointToPointMessage( void )
{
  uint8 data[10]={0,1,2,3,4,5,6,7,8,9};
  if ( AF_DataRequest( &Point_To_Point_DstAddr,
                                   &SampleApp_epDesc,
                                   SAMPLEAPP_POINT_TO_POINT_CLUSTERID,
                                   10,
                                   data,
                                   &SampleApp_TransID,
                                   AF_DISCV_ROUTE,
                                   AF_DEFAULT_RADIUS ) = = afStatus_SUCCESS )
  {
  }
  else
  {
    // Error occurred in request to send
  }
}
/*********************************************************************
 *@函数名：    SampleApp_SendFlashMessage

 * @简介：     向组 1 发送即显示消息

 * @参数：     设定即显时长（毫秒）

 * @返回：     无
 */
void SampleApp_SendFlashMessage( uint16 flashTime )
{
  uint8 buffer[3];
  buffer[0] = (uint8)(SampleAppFlashCounter++);
  buffer[1] = LO_UINT16( flashTime );
  buffer[2] = HI_UINT16( flashTime );
```

```
    if ( AF_DataRequest( &SampleApp_Flash_DstAddr, &SampleApp_epDesc,
                         SAMPLEAPP_FLASH_CLUSTERID,
                         3,
                         buffer,
                         &SampleApp_TransID,
                         AF_DISCV_ROUTE,
                         AF_DEFAULT_RADIUS ) == afStatus_SUCCESS )
    {
    }
    else
    {
      // Error occurred in request to send
    }
}
void SampleApp_SerialCMD(mtOSALSerialData_t *cmdMsg)//发送 FE 02 01 F1  ,则返回 01 F1
{
  uint8 i,len,*str=NULL;
  str=cmdMsg->msg;
  len=*str; //msg 里的第 1 个字节代表后面的数据长度
  for(i=1;i<=len;i++)
  HalUARTWrite(0,str+i,1 );
  HalUARTWrite(0,"\n",1 );//换行
    if ( AF_DataRequest( &SampleApp_Periodic_DstAddr, &SampleApp_epDesc,
                         SAMPLEAPP_COM_CLUSTERID,
                         len,// 数据长度
                         str+1,//数据内容
                         &SampleApp_TransID,
                         AF_DISCV_ROUTE,
                         AF_DEFAULT_RADIUS ) == afStatus_SUCCESS )
    {
    }
    else
    {
      // Error occurred in request to send
    }
}
```

3）将修改后的程序分别以协调器、路由器、终端的方式下载到 3 个节点设备中，连接串口进行点播测试。

6. 实验结果

可以看到只有协调器在一个周期内收到信息。也就是说路由器和终端均与地址为 0x00（协调器）的设备通信，不与其他设备通信，实现了点对点传输，如图 8-11 所示。

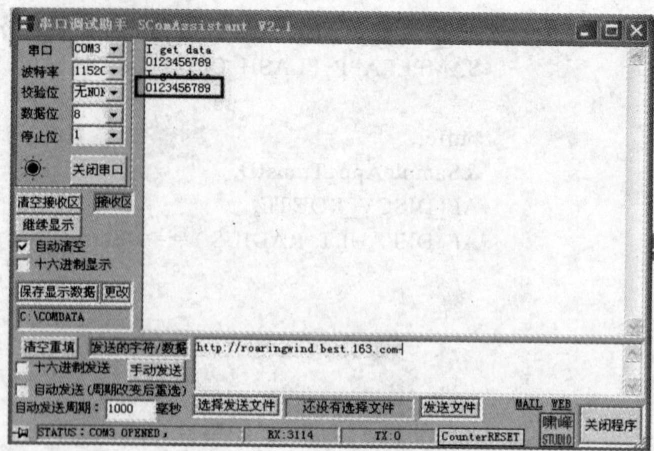

图 8-11　点对点通信结果

附录　CC2530 芯片简介

本附录简要介绍了 CC2530 内部框架结构、I/O 引脚功能、寄存器功能及中断配置。

1. 芯片内部框架结构

芯片内部框架结构如图 A-1 所示。

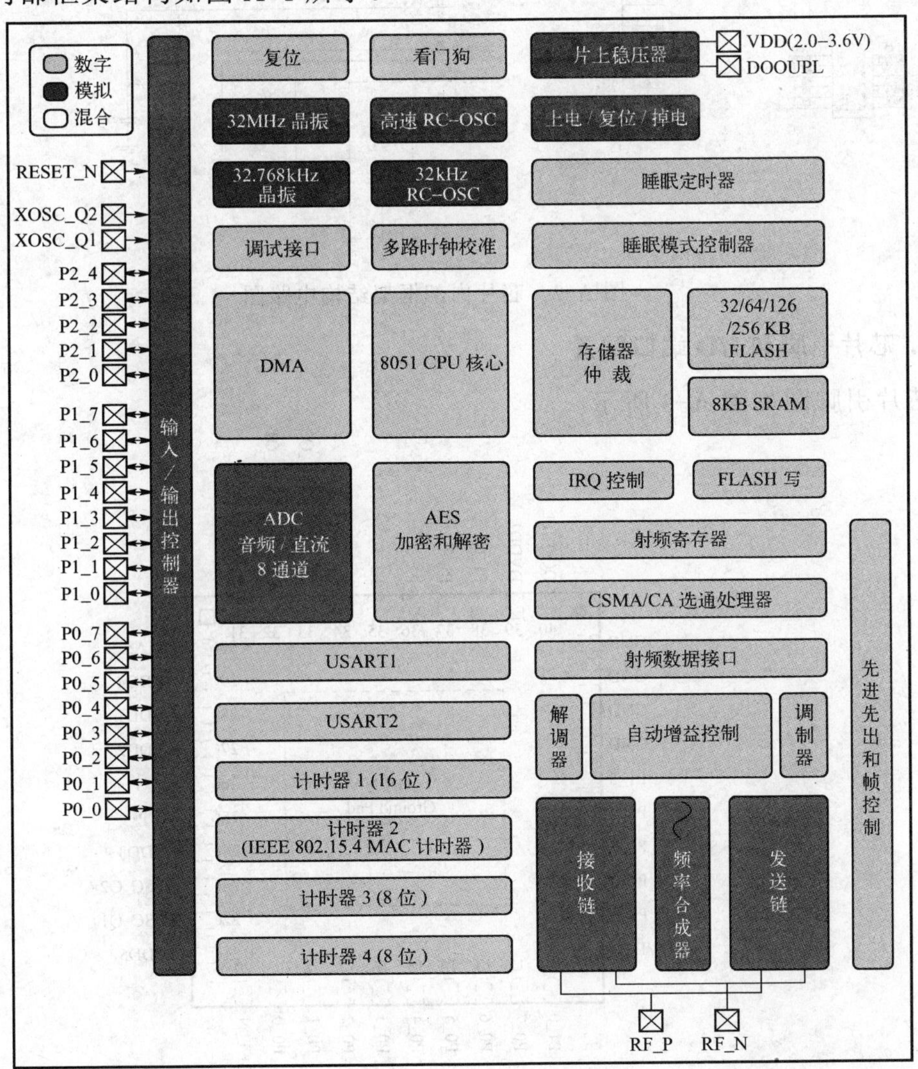

图 A-1　芯片内部框架结构

芯片内部框架结构电路图如图 A-2 所示。

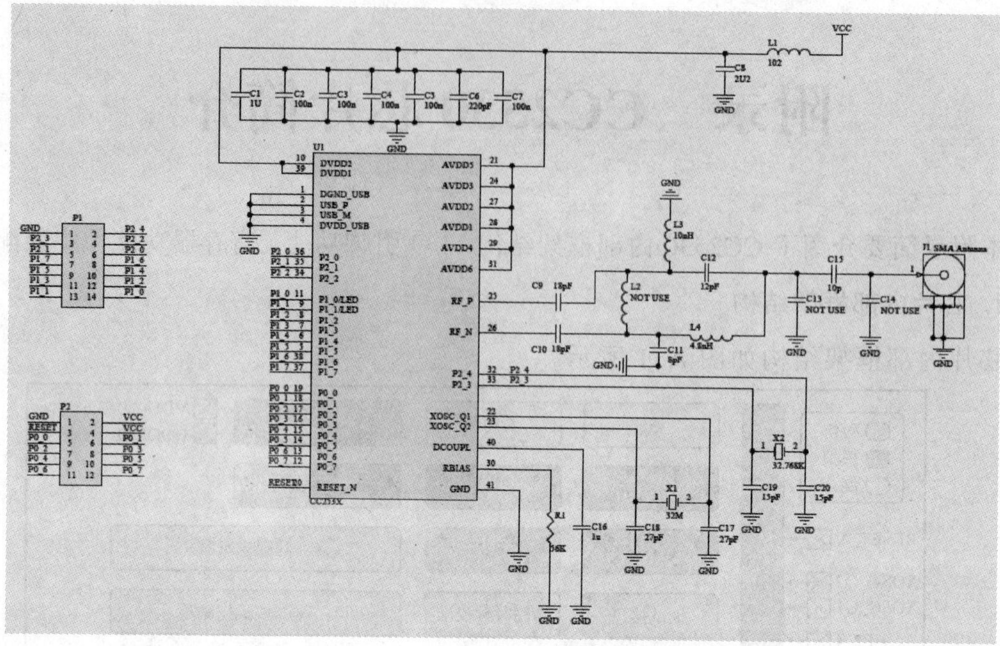

图 A-2　芯片内部框架结构电路图

2. 芯片引脚和 I/O 端口配置

芯片引脚图如图 A-3 所示。

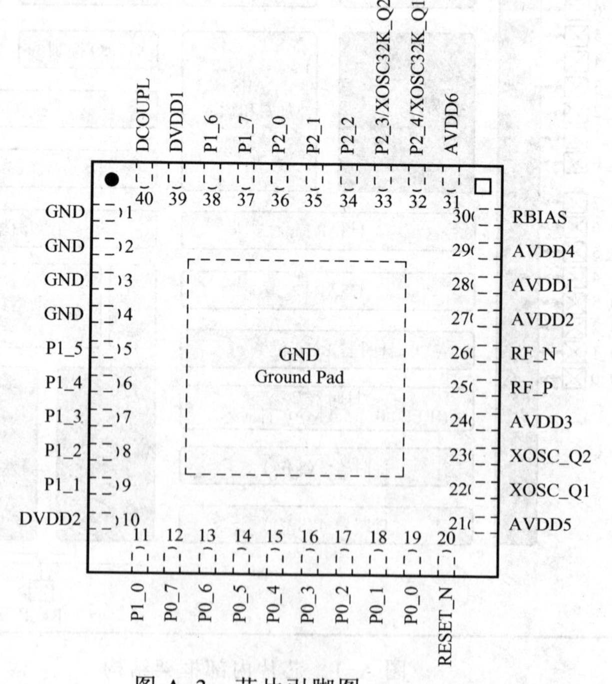

图 A-3　芯片引脚图

I/O功能表见表A-1。

表A-1　I/O功能表

引脚名称	引　脚	引脚类型	描　述
AVDD1	28	电源（模拟）	2～3.6V 模拟电源连接
AVDD2	27	电源（模拟）	2～3.6V 模拟电源连接
AVDD3	24	电源（模拟）	2～3.6V 模拟电源连接
AVDD4	29	电源（模拟）	2～3.6V 模拟电源连接
AVDD5	21	电源（模拟）	2～3.6V 模拟电源连接
AVDD6	31	电源（模拟）	2～3.6V 模拟电源连接
DCOUPL	40	电源（数字）	1.8V 数字电源去耦。不使用外部电路供应
DVDD1	39	电源（数字）	2-V–3.6-V 数字电源连接
DVDD2	10	电源（数字）	2-V–3.6-V 数字电源连接
GND	-	接地	接地衬垫必须连接到一个坚固的接地面
GND	1，2，3，4	未使用的引脚	连接到 GND
P0_0	19	数字 I/O	端口 0.0
P0_1	18	数字 I/O	端口 0.1
P0_2	17	数字 I/O	端口 0.2
P0_3	16	数字 I/O	端口 0.3
P0_4	15	数字 I/O	端口 0.4
P0_5	14	数字 I/O	端口 0.5
P0_6	13	数字 I/O	端口 0.6
P0_7	12	数字 I/O	端口 0.7
P1_0	11	数字 I/O	端口 1.0～20mA 驱动能力
P1_1	9	数字 I/O	端口 1.1～20mA 驱动能力
P1_2	8	数字 I/O	端口 1.2
P1_3	7	数字 I/O	端口 1.3
P1_4	6	数字 I/O	端口 1.4
P1_5	5	数字 I/O	端口 1.5
P1_6	38	数字 I/O	端口 1.6
P1_7	37	数字 I/O	端口 1.7
P2_0	36	数字 I/O	端口 2.0

（续）

引脚名称	引　脚	引脚类型	描　述
P2_1	35	数字 I/O	端口 2.1
P2_2	34	数字 I/O	端口 2.2
P2_3	33	数字 I/O	模拟端口 2.3/32.768kHzXOSC
P2_4	32	数字 I/O	模拟端口 2:4/32.768kHzXOSC
RBIAS	30	模拟 I/O	参考电流的外部精密偏置电阻
RESET_N	20	数字输入	复位，活动到低电平
RF_N	26	RF	I/O

3. 特殊功能寄存器

1）P0SEL（P1SEL 相同）：各个 I/O 口的功能选择，0 为普通 I/O 功能，1 为外设功能。

D7	D6	D5	D4	D3	D2	D1	D0
P0_7 功能	P0_6 功能	P0_5 功能	P0_4 功能	P0_3 功能	P0_2 功能	P0_1 功能	P0_0 功能

2）P2SEL：（D0~D2 位）端口 2 功能选择和端口 1 外设优先级控制。

D7	D6	D5	D4	D3	D2	D1	D0
未用	0：USART 0 优先 1：USART 1 优先	0：USART 1 优先 1：定时器 3 优先	0：定时器 1 优先 1：定时器 4 优先	0：USART 0 优先 1：定时器 1 优先	P2_4 功能选择	P2_3 功能选择	P2_0 功能选择

3）PERCFG：设置部分外设的 I/O 位置，0 为默认位置 1，1 为默认位置 2。

D7	D6	D5	D4	D3	D2	D1	D0
未用	定时器 1	定时器 3	定时器 4	未用	未用	USART1	USART0

4）P0DIR（P1DIR 相同）：设置各个 I/O 的方向，0 为输入，1 为输出。

D7	D6	D5	D4	D3	D2	D1	D0
P0_7 方向	P0_6 方向	P0_5 方向	P0_4 方向	P0_3 方向	P0_2 方向	P0_1 方向	P0_0 方向

5）P2DIR ：D0~D4 设置 P2_0~P2_4 的方向，D7、D6 位作为端口 0 外设优先级的控制。

D7	D6	D5	D4	D3	D2	D1	D0
X	X	未使用	P2_4 方向	P2_3 方向	P2_2 方向	P2_1 方向	P2_0 方向

6）P0INP（P1INP 意义相似）：设置各个 I/O 口的输入模式，0 为上拉/下拉，1 为三态模式。

D7	D6	D5	D4	D3	D2	D1	D0
P0_7 模式	P0_6 模式	P0_5 模式	P0_4 模式	P0_3 模式	P0_2 模式	P0_1 模式	P0_0 模式

7）P2INP：D0～D4 控制 P2_0~P2_4 的输入模式，0 为上拉/下拉，1 为三态；D5～D7 设置对 P0、P1 和 P2 的上拉或下拉的选择。0 为上拉，1 为下拉。

D7	D6	D5	D4	D3	D2	D1	D0
端口 2 选择	端口 1 选择	端口 0 选择	P2_4 模式	P2_3 模式	P2_2 模式	P2_1 模式	P2_0 模式

8）P0IFG（P1IFG 相同）：终端状态标志寄存器，当输入端口有中断请求时，相应的标志位将置 1。

D7	D6	D5	D4	D3	D2	D1	D0
P0_7	P0_6	P0_5	P0_4	P0_3	P0_2	P0_1	P0_0

9）P0IEN（P1IEN 相同）：各个控制口的中断使能，0 为中断禁止，1 为中断使能。

D7	D6	D5	D4	D3	D2	D1	D0
P0_7	P0_6	P0_5	P0_4	P0_3	P0_2	P0_1	P0_0

10）P2IEN：D0～D4 控制 P2_0～P2_4 的中断使能，D5 控制 USB D+的中断使能。

D7	D6	D5	D4	D3	D2	D1	D0
未用	未用	USB D+	P2_4	P2_3	P2_2	P2_1	P2_0

11）PICTL：D0～D3 设置各个端口的中断触发方式，0 为上升沿触发，1 为下降沿触发。D7 控制 I/O 引脚在输出模式下的驱动能力。选择输出驱动能力增强来补偿引脚 DVDD 的低 I/O 电压，确保在较低的电压下的驱动能力和较高电压下相同。0 为最小驱动能力增强，1 为最大驱动能力增强。

D7	D6	D5	D4	D3	D2	D1	D0
I/O 驱动	未用	未用	未用	P2_0~P2_4	P1_4~P1_7	P1_0~P1_3	P0_0~P0_7

12）IEN0：中断使能 0，0 为中断禁止，1 为中断使能。

D7	D6	D5	D4	D3	D2	D1	D0
总中断 EA	未用	睡眠定时器中断	AES 加密/解密中断	USART1 RX 中断	USART0 RX 中断	ADC 中断	RF TX/RF FIFO 中断

13）IEN1：中断使能 1，0 为中断禁止，1 为中断使能。

D7	D6	D5	D4	D3	D2	D1	D0
未用	未用	端口 0	定时器 4	定时器 3	定时器 2	定时器 1	DMA 传输

14）IEN2：中断使能 2，0 为中断禁止，1 为中断使能。

D7	D6	D5	D4	D3	D2	D1	D0
未用	未用	看门狗定时器	端口 1	USART1 TX	USART0 TX	端口 2	RF 一般中断

15）T1CTL：定时器 1 的控制，D1D0 控制运行模式，D3D2 设置分频划分值。

D7	D6	D5	D4	D3D2	D1D0
未用	未用	未用	未用	00：不分频 01：8 分频 10：32 分频 11：128 分频	00：暂停运行 01：自由运行，反复从 0x0000～0xffff 计数 10：模计数，从 0x000～T1CC0 反复计数 11：正计数/倒计数，从 0x0000～T1CC0 反复计数并且从 T1CC0 倒计数到 0x0000

16）T1STAT：定时器 1 的状态寄存器，D4~D0 为信道 4~信道 0 的中断标志，D5 为溢出标志位，当计数到最终技术值时自动置 1。

D7	D6	D5	D4	D3	D2	D1	D0
未用	未用	溢出中断	通道 4 中断	通道 3 中断	通道 2 中断	通道 1 中断	通道 0 中断

17）CLKCONCMD：时钟频率控制寄存器。

D7	D6	D5～D3	D2～D0
32kHz 时钟振荡器选择	系统时钟选择	定时器输出标记	系统主时钟选择

18）CLKCONSTA：时钟频率状态寄存器。

D7	D6	D5～D3	D2～D0
当前 32kHz 时钟振荡器	当前系统时钟	当前定时器输出标记	当前系统主时钟

4. 中断简介

CC2530 中断控制器总共提供了 18 个中断源，分为 6 个中断组，每个与 4 个中断优先级之一相关。当设备从活动模式回到空闲模式时，任一中断服务请求就被激发。一些中断还可以从睡眠模式唤醒设备。

中断源列表见表 A-2。

A-2　中断源列表

中断号	描　述	中断名称	中断向量	中 断 屏 蔽	中 断 标 志
0	射频发送队列空和接收队列溢出	RFERR	03h	IEN0.RFERRIE	TCON.RFERRIF (1)
1	ADC 转换完成	ADC	0Bh	IEN0.ADCIE	TCON.ADCIF (1)
2	串口 0 接收完毕	URX0	13h	IEN0.URX0IE	TCON.URX0IF (1)
3	串口 1 接收完毕	URX1	1Bh	IEN0.URX1IE	TCON.URX1IF (1)
4	AES 加/解密完成	ENC	23h	IEN0.ENCIE	S0CON.ENCIF
5	睡眠定时器比较	ST	2Bh	IEN0.STIE	IRCON.STIF
6	端口 2 输入/USB	P2INT	33h	IEN2.P2IE	IRCON2.P2IF (2)
7	串口 0 发送完毕	UTX0	3Bh	IEN2.UTX0IE	IRCON2.UTX0IF
8	DMA 发送完成	DMA	43h	IEN1.DMAIE	IRCON.DMAIF
9	定时器 1（16 位）捕获/比较/溢出	T1	4Bh	IEN1.T1IE	IRCON.T1IF (1) (2)
10	定时器 2（MAC 定时器）	T2	53h	IEN1.T2IE	IRCON.T2IF (1) (2)
11	定时器 3（8 位）比较/溢出	T3	5Bh	IEN1.T3IE	IRCON.T3IF (1) (2)
12	定时器 4（8 位）比较/溢出	T4	63h	IEN1.T4IE	IRCON.T4IF (1) (2)
13	端口 0 输入	P0INT	6Bh	IEN1.P0IE	IRCON.P0IF (2)
14	串口 1 发送完毕	UTX1	73h	IEN2.UTX1IE	IRCON2.UTX1IF
15	端口 1 输入	P1INT	7Bh	IEN2.P1IE	IRCON2.P1IF (2)
16	RF 通用中断	RF	83h	IEN2.RFIE	S1CON.RFIF (2)
17	看门狗计时溢出	WDT	8Bh	IEN2.WDTIE	IRCON2.WDTIF

参考文献

[1] 彭力.无线传感器网络原理与应用[M].西安：西安电子科技大学出版社,2014.

[2] 达尔吉,珀尔拉伯尔.无线传感器网络基础(理论和实践)[M].孙利民,张远,等译.北京：清华大学出版社,2014.

[3] 曾园园.无线传感器网络技术与应用[M].北京：清华大学出版社,2014.

[4] 沈玉龙,等.无线传感器网络安全技术概论[M].北京：人民邮电出版社,2010.

[5] 龚本灿.无线传感器路由技术研究[D].武汉：武汉理工大学,2009

[6] 刘少强,庞新苗,樊晓平,等.一种有效提高节点定位精度的改进 DV-Hop 算法[J].传感技术学报，2010，23(8)：1179-1183.

[7] 程伟,史浩山,王庆文.一种无需测距的无线传感器网络加权质心定位算法[J]. 西北大学学报：自然科学版，2010，40（3）：415-418.

[8] 王东.基于无线传感器网络的分布式跟踪算法[D].沈阳：东北大学，2009.

[9] 刘海涛,马健,熊永平.物联网技术应用[M].北京：机械工业出版社,2011.

[10] 丁俊.智能家居系统的研究[J].信息技术,2011,3:150-153.

[11] 石道生,任毅,罗慧谦.基于 ZigBee 技术的远程医疗监护系统设计与实现[J]. 武汉理工大学学报，2008,30(3)：394-397.